# 核が地球を滅ぼし、宗教が人類を滅ぼす

宇宙の真理を究める会・編

たま出版

# 刊行にあたって

宇宙の真理を究める会

本書は、田原澄《すみ》女史によって始められた「宇宙学」をもとに編纂《へんさん》されたものである。内容は、今、存亡の危機にある地球人類が、何を自覚し、どう生きるべきかについて書かれてある。

さて、ここで田原澄女史と「宇宙学」について簡単に説明しておきたい。

田原澄女史（一九一三年～一九六五年）は、初代の「取次の器械」（宇宙学では、ご神示を降ろす役目の人のことをこう呼ぶ）として、「宇宙創造神」からのメッセージを伝えた人物である。軍人の子として生まれ、女学校卒業後は看護婦となり、十年間を日赤の看護婦長として過ごした後、家庭に入り、三人の子をもうけたが、長男がトラックにひかれて死亡、次女が正体不明の難病にかかってしまった。それがもととなって自らの心の非を悟り、心を洗い清めるよう努めるうち、宇宙創造神から「取次の器械」として役目を果たすよう命令を受けた。一九五三年（昭和二十八年）七月二十二日のことである。

その後、一九六五年（昭和四十年）九月七日に昇天するまで、「洗心」に徹し、神界・霊界・星の世界との通信を受信し、それを「宇宙学」として多くの人々に伝え、人類救済の原動力となって活躍した。また、オリオン星や土星（外星）の悪魔の姿や宗教の背後霊を次々にキャッチし、浄化に努力した。

しかし一方で、宗教団体や権力者の背後の悪魔によって目の敵《かたき》とされ、最後はその犠牲となった。宗教の背後霊団によって潰されたのである。宗教は邪神・邪霊の巣窟である。

そしてこのたび、大震災とそれに続く原発の危機、すなわち日本人の危機に直面して、田原女史の遺志を引き継ぐ有志によって本書が編纂されることとなった次第である。

ところで、「宇宙学」の根幹をなすものは「洗心」である。

そこで、まずはじめに「洗心の教え」について述べておこう。

## ◆宇宙創造神の教え

### ◎常の心として（神界・優良星界とつながる波動）

「強く正しく明るく、我《が》を折り、よろしからぬ欲を捨て、皆仲良く相和して、感謝の生活をなせ」

**◎御法度《ごはっと》の心として（魔界とつながる波動・霊波）**

「憎しみ、嫉《ねた》み、猜《そね》み、羨《うらや》み、呪い、怒り、不平、不満、疑い、迷い、心配ごころ、咎《とが》めの心、いらいらする心、せかせかする心を起こしてはならぬ」

○宇宙創造神の教え・洗心の意味

常の心として、

一、己自身に対して強く生きよ。
一、善悪を超越して正しく生きよ。
一、笑顔を持って明るく生きよ。
一、我《が》を折り、互譲の麗しき心にて生きよ。
一、よろしからぬ欲を捨て、競うことの愚かさを知れ。
一、人類皆一体なるがゆえに、皆仲良く相和せよ。
一、森羅万象ことごとく大愛の波動の変化なるを悟って、感謝の生活をなせ。

以上が教えであるが、地球人類は永い年月にわたり〝自我〟を張り、必要以上の〝欲望〟を満足させるための生活を続けてきた。宇宙創造神は、地球人類に対してまずこの〝我と欲望の心〟を自制せよと諭《さと》している。なぜならば、吾々地球人類はこの〝我欲の心〟が元で、自他共に心を傷つけ、不幸の原因や飽《あ》くなき競争、闘争の社会を形成。それが戦争へと発展して、今や人類全体が破滅の方向に進んでいるからである。

この教えの「常の心」は、宇宙の法則に合致した心（想念）であり、人間の想念《おもい》次第で平和な楽しい社会をつくることもできるし、また「御法度の心」のように憎しみや嫉《ねた》みの心を起こして自殺や犯罪など、破壊の社会をつくることもできる。

近年発達したサイ科学では、その人の起こす想念によってその人の体から発するオーラが美しくもなり醜《みにく》くもなることが知られているが、人間が「常の心」でいる時には実に美しいオーラで輝き、宇宙から流入する生命波動を受け入れてますます健康体になり、周囲の人々にも好影響を与えるといわれている。

ところが、「御法度の心」を起こすと、オーラが著《いちじる》しく醜くなり、宇宙から流入する生命波動を遮断《しゃだん》して人体波動が乱れ、病気や様々な障害となって不幸に陥《おちい》っていく。

この「洗心」の実行については、一定時間のみの修行ではなく、一日中を「御法度の心」を起こさず、「常の心」で暮らすように努力することが肝要である。始めからなかなか完全には行えないかもしれないが、万一、「御法度の心」を起こしたならば、反省して次から起こさないようにし、常に美しいオーラを発する自分をつくっていくことが大切である。

この行《ぎょう》が進むと、宇宙創造神と波長が合い、健康と幸福が約束され、超能力の開顕にも繋がっていく。また、「洗心」する人が多くなるほど、平和な社会が築かれていくのである。


本書では、まず宇宙の真理・法則について述べ、人類を滅ぼそうとする邪神・邪霊の存在とかれらの狙いについて説明し、かれらの妨害に負けずに苦悩から解放される方法、また生きるための指標について、啓示的な言葉を中心に展開している。それぞれの内容については、なかには田原女史によるものもあるが、大半は、本書の編者によるものからなっている。

読者の方々には、本書をご一読いただいた上で、平和な社会を築くために、ぜひ「洗心」の道を実践されることを願う次第である。

◎目次

刊行にあたって　I

## 第一章　宇宙の法則

この世にある法則と掟を知れ……13
肉体の生も死も与えられた創造の法則……16
進化のためにこの世は無常である……19
思いが形をつくり、己を支配する……23
幸福とは幻であり、夢を追う人間の我欲である……27
現世での幸福を願うは幻である……35
この世の終わりとは、魂の消滅（人類滅亡）である……39
天位転換と一大天譴《てんけん》（天罰）……42

## 第二章　人類を滅ぼすもの

人間は心のカルマで汚れている……53
世の中の悪行三昧《ざんまい》のすべては、これから暴き晒《さら》される……58
霊波・念波の作用について……66
念波（御法度の心）・霊波（霊障）……69
悪想念を撒き散らす邪神・邪霊……74
邪神・邪霊の告白……77
強大な宗教団体の魔手は、皇室にも及ぼうとしている……83

## 第三章　苦しみからの解放

人類はいかにして救われるか……91
己の自由意志により己が選択なすことが答えである……101
過去から現在に至る概念（自我）を捨てること……105

苦しい時こそ感謝せよ（カルマの表出の姿・形なり）……109
立場を越え、職業を越え、宗派を越え、
一人の人間として生きる道を決めねばならない……117
病気は本人の業と因縁によって起こる……119
心を開き交流を図れよ……124
新しき己を創造せよ……129
意識転換とバランスについて……134
神の大愛の心の学び……139
愛は天からの贈り物である……145

第四章　生きるための指標

真理はいつも単純で明快である……151
心を洗う者は救われる……153

なぜ心洗いが必要であるか……157
己が正しいという証しは何一つない……169
相手は映《うつ》し鏡の理《ことわり》……172
物事にはすべて原因がある……174
大自然のいかなる現象にも偶然はない……177
眼前の欲望は自己満足である……182
むやみに時を過ごし道を誤ってはならぬ……187
**特別寄稿**　——古代日本と四国（死国）の謎について——　193

# 第一章　宇宙の法則

# この世にある法則と掟を知れ

この世にある掟を知れ、この世にある法則を知れ。あまりにも無知なるがゆえに執《と》らわれより脱することができず、誤った教義によりて己を縛り、この世の掟を知ることができない。この世に存在する掟を知るために、人は過ちを繰り返しているのである。実《みの》れば垂れる、実れば自《おの》ずと頭を垂れる。いまだ実らず垂れることができない。心の中にあるわだかまりを捨てよ。掟に従って生きよ。多くの矛盾の中に掟がある。矛盾を正確に捉えるところに掟が浮かび上がってくる。心を開けよ、解放せよ、ここが開かれるためにそれが必要である。いまだ己を束縛し、こだわり、執らわれ、心をまことに解放することができず、まことの自由を知らない。人に強要すれば己も強要され束縛を受ける。ここに心の葛藤を生み、次第次第に狂い出す。思うことはやがて形となる。口にする言葉はやがて現実となる。ゆえに正しい言葉を用い、正しい方向を定めねばならない。この世の掟をいまだ知り得ず苦しむ者ばかり。この地上において、あるがまま、自然のままにバランスを取りながら生きていくことが掟であるが、その全容を把握できていない。心の自由性は自ずと責任を伴うものであり、勝手気ままに生きることではない。自由とともに常に己自身に降りかかるものがあり、責任を持ちて己を確立なさねばならぬ。「後は知らぬ、どうでもなれ」という怠慢は我《が》である。ゆっくりと時が流れているように思えようが、めぐるしく移り変わっている。二度と帰らぬこの一瞬一瞬を掟に沿うて生きることである。これが無駄のない生き方である。これまで語られしことをよく己のものとなせよ。表面の言葉に執らわれず、その意味するところをよく悟れよ。同じ過ちを繰り返すにも限度がある。目に見えて開かれるはずが次第次第に遠のくのである。組み替えよ。建て替えよ。思考なせよ。悟られよ。

「他を生かす者は生かされん」という利他愛の真理である。

「己より発したるもの己に還帰なすが天則なり」とは真理の究極である。この真理こそ掟である。法則である。愛の実践である。

「実るほど頭が垂れる稲穂かな」。これこそ人間社会での真理であり掟である。地球社会では誤った実り方をしてきた物質文明信奉者多きゆえに、頭を垂れることのできる信愛関係がない。他人を蹴落としても出世を望むのが当たり前の世の中であるから、世の中乱世となるのである。乱世の中で生き抜こうとすれば乱心せざるを得ない。実らぬ人間ばかりゆえに、実った錯覚を起こしている。

# 肉体の生も死も与えられた創造の法則

今永遠の時にあり、今永遠の時の流れの内にあり、道は果てしなく、道は永遠に続くものである。今永遠に続く道の中にあり、すなわち己は永遠に続く道の一部である。長い道のりを経て辿り着くは、己を創造なしたる宇宙の根源の光である。光は意識を持ち、意識はあらゆるものに宿る。

すべてが波動の世界であり、物質の根源にある。物質も人間も等しく宇宙に存在するすべてが波動である。肉体も波動である。肉体という波動の物質に霊魂が宿り、創造の意識をそこにつくり上げていく。それは永遠の時の流れの中に繰り返される生と死をもって幾度も幾度も繰り返される。人間に与えられている生と死を誰も逃れることはできない。動物もそうであり、物質もそうである。形あるものはやがて崩れ、やがてまた再生する。再生する源は創造の波動である。ゆえに、生きることも、肉体を去る死ぬということも、与えられた創造の法則である。これを恐れることは己が永遠の時に進化のために生かされていることを知ることのできない哀れな者の思いである。

今永遠の時の内にあって幾度も転生を繰り返しつつも、一人一人の人間においては与えられた環境や体験の違いによって進化の過程に差はあるが、どれも通らねばならぬ道であり、優劣はない。これを、己が先んずることを最も優れたことと思って、我《が》と欲を出し、慢心を起こすのは進化を妨げることにつながる。邪念や悪波動を生み、その波動が多くの同胞に影響を与えるのである。

地球上に生まれている様々な概念、習慣や秩序やあるいは法律や多くの宗教や人類意識となって生み出されているものが、すべて正しい波動でなく、人間の進化を妨げる多くの邪念となっている。真の真理を知り、この人類意識の妄想や邪念を正しく捉え、己がそれらに影響を受けずに思考なしていくことが学びである。ゆえにありきたりの言葉に惑わされたり、何の根拠もなき習慣や風習に執らわれたり、己の意志を貫くことなく流されたり、このようなことを自ら改めていかねばならない。なぜならその多くは人類意識によって促されているからである。真の真理を知り、人が何を考え、どう判断し、何をするかが己の進化である。これがまことの己の道である。

信念を持ちて、己の思考によりて意志を持ち生きていけよ。

信念を持ちて、己の意志によりて生きていけよ。

邪悪なる念に惑わされたり、根拠のないたわ言に惑わされたり、己の意志を失うことのなきように、己があるべき己自身をつくり上げていくのである。人は永遠の時の内にあり。いつ終わるとも知れない進化の道である。死は終わりでなく新しき学びへ向かっての区切りである。なぜなら、肉体を去り、肉体にある時の思いを正し、新しき己を創造なしていくために、再び新たな環境や新たな肉体を持つためである。宗教が死を恐怖の塊《かたまり》に仕立て上げたのである。あの世は己の心のままに現れる世界ゆえに、己が心正しく真理に沿って生きていけば地獄はなし。己が真理に背《そむ》いて悪念を発して生きていれば、地獄なしとも己が地獄をつくり出すのである。想念波動の世界であるからである。

このことをよく知り、心を洗うということを忘れてはならない。

一つ一つが永遠の時の内にあり、一つ一つが進化のために通らねばならない道である。その道は己が思考なして、求めたる結果である。

ゆえに人を裁いてはならず、咎めてはならず、責任を転嫁してはならない。永遠の時の内にあり、一歩一歩進化なしているのである。進化の長い道のりを己が創造なすのである。

# 進化のためにこの世は無常である

肉体は光によって維持される。魂は愛によって進化する。

肉体はこの三次元にあって肉体を維持し、和を保ち、人と人との触れ合いにおいて得るものがある。それは愛である。宇宙を創造し、宇宙を仕組み動かす根源は愛。すべてを生かし、育てはぐくむ愛。この愛なくしては、宇宙存在なし。宇宙を存在させる愛あるゆえに、すべてが生かされている。この宇宙において変わらぬものは愛。すべてを創造したるは愛である。この世にありて変わるものあり。すべてである。この世にありて常なることわずかである。この世は無常である。一刻も同じではない。変わらぬは宇宙の根源、愛である。愛はすべてを生かし進化へ誘うものゆえに、これを司るが法則である。自然の法である。無意識に働く自然の理である。これは愛によって維持なされる。創造の愛である。

この世は無常である。すべてが移り変わりいく。この世は波動の世界であり、いかなる次元も波動の世界である。肉体も、物体も、動物も、植物も、鉱物も、すべては波動である。

波動は一定ではなく常に変わるものである。長い年月を経て変わるゆえに、人間の目にはその変化が捉えようがないのである。しかしすべてはやがて移りゆき崩壊し、創造され生み出され消滅する。これが自然の法なり。肉体も同じく、すべて与えられているものはそうである。

人は吾が身に悲しき苦しきこと及べば、この世は無常なりと感情を動かされ、悲哀に打ちのめされるが、この世は常に無常である。この世が常に移り変わりいく無常であることを知れば、悲しみも苦しみもなく、これもまた進化の道、自然の法である。生まれたるものはやがて消滅し、消滅したるものはやがて再生するのである。これが宇宙を貫く真理であるゆえに、この世は無常である。この世は常ではなく、常に移り変わるものである。ゆえに消滅は悲しみでも苦しみでもなく、やがて新しいものを生み出すための力である。宇宙に存在する、宇宙に変わらず存在する法を知る。これがまことの己を知り、己を解放し、まことの心の自由を得ることになる。なぜなら、この世が無常であることを知れば執らわれがないからである。すべては移り変わりいくものであるゆえに、執らわれは狭く苦しいものである。このことを悟るからである。

物への執着、これがいかに愚《おろ》かなことであるか。吾が身をいとおしみ執着なすが、いかに狭き心であるか。肉体を維持し進化なすためにすべてを与えられているが、不必要なものを欲する我《が》と欲の者ばかりである。一つ一つを例《たと》えて上げれば際限なく、己が何に価値観を見出すかである。己が最も価値あるものを、金か、宝石か、食物か、身を飾るものか、名誉か、賞賛か、己が最も価値あるものが何であるかによってその者の思考も意志も行動も感情も変わるのである。

進化のために益せぬもの、進化のためにならぬもの、やがて価値観は移りゆく。これまで最も価値あるものと思っていたものが、いかに己を汚してきたかを知らねばならぬ。我《が》を張り欲を出し、価値あるものを見失っていたのである。

この世は無常である。常に移り変わりいくものなれば、人の心も無常である。人の心も常に変わりいくゆえに誓うてはならぬ。人の心は無常であるゆえに進化なすのである。ゆえに過去の過《あやま》ちを咎《とが》めてはならぬ。人の悪しき行動を裁いてもならぬ。すべてが無常である。進化である。通らねばならぬ道である。ゆえに人を許すべきである。許したならば新しき己を創造すべきである。その姿こそ人の鏡となりて人を変えいくのである。世をつくり変えるのである。心ある者は真理を求め、真理を求める者は心のまことの自由を得、一切の執らわれから離れ、宇宙根源の光へと向かうものである。すべてが進化なすのである。ゆえに目覚める者こそ幸福である。次々と幸福の原理を知るのである。そして進化なすことに最大の価値を見出すのである。

臨死体験をした人が一様に口をそろえていう言葉は、「生きる価値観が変わった」。生きるということはすばらしいと思うようになり、まず欲心が起こらなくなる。腹が立たなくなる。執着心がなくなり、何事にもありがたいという喜びが湧いて、明るく物事を考えるようになる。これは、神の愛を感受し、魂が目覚めたのである。

# 思いが形をつくり、己を支配する

人間の思考する癖《くせ》は己の性格となって己を形《かたち》づくっているが、己の悪しきその習性を正さぬ限り、己が己を苦しめていく。己の間違いに気が付けば、己の弱点に、欠点に気が付けば、積極的にこれを修正するように働き掛けねば、己が己の首を絞めていく。誰も己の首を絞めようとしないが、実はしっかりと己の首を絞めている者が多い。

物事を陰に発する者ばかりだ。物事を内向的に考える者ばかりだ。内向的なる者は自ずとすべてを己の中に引き込んでいき、己が己の首を絞めているのだ。これでは己のカルマから脱せない。何遍生まれ変わっても少しも楽にならない。己がつくった性格であるから、その性格を変えねば自己確立ができない。自己確立ができなければ、これからは自滅だ、破滅だ。己が己を蹴落としていくのだ。誰のせいでもない。己が己を滅ぼしていくのだ。己が己の病いを悪化させている者ばかりだ。

人間は一度、二度言われてもなかなか得心できず、五度も十度も言われてもわからない者ばかりだ。発想の転換をドンドンと図っていかねば、乗り遅れるぞ。心にうっ積していることは必ず霊波念波の作用を引き起こすのだ。己に、そして周囲に。己の心にうっ積するものがなきように、己が己を変えていくしか方法はないのだ。誰も己を変えてはくれぬぞ。誰も己を幸福にはしてくれぬのだ。

今来た道を後戻りするか、これから道をつくっていくかの、どっちかだ。安易な道を選ぶ者は、今来た道を帰っていけ。新しき道をつくっていく者は性格を打ち破るのだ。覆い被さる執着心を打ち破るのだ。今は天下の分かれ道、方法を選び、方法を選択し、循環されていけば進展していく。なかなか己の世界から、意識から脱せない者ばかり。今ある己の世界から脱せないから、高き波動の己に移行できない。

意識・思い・心・波動、様々なものが一つの意識体を形成なして、己の性格が出来上がる。人の思いが形をつくる。思いが映像をつくる。思いが己を支配する。己の前生からの意識である。意識体が思うていることがうっ積である。いかなることが己にうっ積しているか、よく掴めない。うっ積感情と同波長の意識体が取り憑くのである。うっ積感情に取り憑くのは邪気である。ゆえにうっ積感情を消滅させていかねば、邪気は陰気を引き込み、さらにうっ積感情を高ぶらせるので、感謝ができなくなる。様々な体験を通して己が己自身でこれを解決なしていくことによりて悟っていくのである。

この世は無である。疑い、迷いの悪心を抱くゆえに、己が苦しむのである。汚き暗き汚れたる思いを抱くなかれ。善念を発すれば善念を受けるのである。そうして真の心洗いとはいかなることか、絵に描いた餅ではなく己のものにせよ。

己が一つ一つを悟り得ていくたびに、新しき学びが展開するのである。己が己自身で体験を通して得ていくことが己の力になり、体験を通じて解決なしていくことによりて悟っていくのである。失敗も体験であり、この失敗が己を強くし、成功へと導く元であるならば、ありがたいことである。失敗は己の未熟さ、努力の不足などから起こり、誰のせいでもない。己の間違いを追及し続けることである。

あらゆる己の弱点を知り、それを修正しようとする思いが湧き上がってくる時に、守護霊の援助が与えられる。この援助に様々な差があるのである。前々の世から持ち越してきたる因果にもよる。その時々に応じて答えが変わるのであるから、いかに己が洗心に徹しようとも、三次元肉体はやがて衰え朽ちていくのである。

しかし、心洗いをなすことが、長き目で見れば、まことに病いから己を守ることへつながるのである。ただただ神の教えに従うて心洗いをするしかない。

加えて、心洗いをなすための様々な真理を学ばねばならぬ。三次元の環境において、すべてのことに真剣に心洗いをなして徹していくしかない。己がいかなる境遇に、いかなる環境の中にありても、常に心洗いを忘れずに、試行錯誤しながら迷い、様々な結果を生んでいくのである。そこに悟り得るものがあれば進化である。結果が進化である。

己の存在が一灯を投げ掛け、己の存在が人に良き影響を与えるように変わりゆけば、自ずと人は寄って集まってくるのである。宇宙学を学ぶ一人一人の存在が他に認められ、認められることによりて宇宙学が認められていくのである。

宇宙の法則、真理を悟り得ぬ者に、いくら押し付けて真理を説いても、学ぼうとする姿勢のなき者は光に縁をいただけないのである。わずかの学びで慢心はならず、驕りはならず、下座の心を持ちて、様々な真理と法則をよく学び、ただただ心洗いに徹することである。上辺《うわべ》だけであれやこれやと真理を論じても心洗いの重要性は誰も知らない。人は情けと大愛の違いを誤解して使っている。情けとは、人間の進化を止める働きで、目先のことに執らわれ、意識が変わらぬ状態である。大愛とは、まこと心洗いを促す方法であり、促すことが大愛である。この世がまことに変わりゆくのは、一人一人の心洗い以外にない。

やがて業《ごう》の崩壊が来る。その時、その者の意識のままにすべてが展開するであろう。そして崩壊は、誕生という新世紀を迎えるであろうが、時は矢のように過ぎて、波動の高まりにより、あっという間に世紀末を迎えるであろう。波動の高まりで光がいや増すとともに魔はさらに足掻き出すので、一人一人が魔に殺《や》られないよう、心を洗うしかない。

## 幸福とは幻であり、夢を追う人間の我欲である

見栄っ張りの日本人は、地位・名誉を重んじて、誤りを知りながらその誤りを改めようとしないで、その誤りを隠蔽するための先走りを急ぐ。改めるとしても、後回し後回しに処理していこうとするから、誤りが山のように積まれて手の付けようがない状態になってから慌てて行おうとするが、その時は手遅れとなっている。

地位・名誉という椅子を守りたいがために、誤りを正せないのである。己の非を認めようとしないのである。これが人間の我《が》と欲という思い上がりであろう。

我と欲のために己の身の破滅の来ることを知らず、いつまでも我欲が通せると自負しているのである。自尊心の強い、自己中心の、自己満足型協調性欠如の天秤人間である。バランスを保たんと、善悪の両面を使い分ける、虚と真の狭間で苦しみながら、結局、悪の力の強さに負ける人生を送ることになる。

この悪の力とは、人間の我欲を利用して活躍する邪なる霊や霊団のいたずらにすぎない

ものから、地球の滅亡に関わる強力な存在の計画性に至るまで様々であり、利用される人間は、善人も悪人も様々であるから厄介であり、判断が難しく、徐々に徐々に脳波をコントロールされていくので、自分では正しいと思っている判断が誤りの方向へ進められていることに気付かないのである。その結果が出る頃にはもう邪霊の勝利であって、良心を失った人間の負け姿が現象するのである。

この時、気付く人間と気付かない人間とに分かれる。気付いた人間は、罪の償いをするための苦しみが与えられるが、気付かない人間はさらに邪霊の操り人形となって、悪の力を発揮し、権力をほしいままに握るのである。多くの信者を持ち、多くの支持者を持ち、その勢力を広げて金欲を満たすのである。多くの著書出版者も、邪霊に脳波をコントロールされて書かされているので、魅力的で、言葉の綾に惑わされるのである。そして読む側は信者となり、支持者となり、邪霊グループの一員の烙印がおされる。烙印の消えることなく、死んでも残るゆえに、同じ地獄に行くことになる。教主と信者が金魚の糞のようにつながって離れられないのが、烙印の恐ろしさである。

今の世の中、本当のことが一％、嘘が九九％であるから、魅力感覚に迷わされ、矛盾を追及し、さらに追及して、のめり込んでいく。と、その一心熱心の心に邪霊が介入してくるのである。苦しみから逃れることが幸福だと思っているのが人間である。そして逃れる道を探し求めてやまない欲望は、自分の智恵で努力しようとし、階級制度に憧れ、競争心を持ち、金持ちになり、家を建て、いい暮らしをしたいと上を見ることばかり考えて、そのために働いているのが人間である。

働けど働けどの苦しみで得た我と欲の幸福設計は、物質面のみの幸福であって、精神的には苦悩との戦いの日々であろうと思われる。この幸福を追い求めて我欲の心に充ち満ちて、今までは働く場があったが、大不況という事態に追い込まれて幸福は崩れつつある。幸福とは、すべて幻である。夢を追う人間の我欲である。その我欲のために苦しみをつくるのが人間である。その苦しみで得たものは不幸の対象物となる。病い、つまずき、障りなど、心のうっ積感情が引き金となり、不幸を引き寄せるという結果をつくるのも、人間の我欲が原因である。

不況や失業の悩みだけではない。子どもたちの心の悩みは誰にも理解できない。勉強勉強と追い詰められてきたことに疲れ、良い子に見せようとする努力に疲れ、親の期待の重みに疲れ、大人の世界以上にうっ積感情が溜まり、そのはけ口に精神的異常が突然に現象する。その形は様々であるが、人間という人間のすべてが悩み苦しみ、喘《あえ》いでいるのであろう。物質文明の誤りが、人間という心と体を蝕んで破滅させつつあるのである。

破滅寸前の心を持ち、行動を起こしているその形は、買物依存症とか満腹依存症とか拒食依存症とか様々であるが、一旦狂い出したらなかなか止めることができない脳の働きのメカニズムをコントロールしているのが、実に恐るべき邪霊の存在である。口を酸っぱくして霊と関わりのある人間性を説いても、目に見えないから信じないのである。

自分で自分を守り、生きねばならない時代になったようである。説明のしようがない宿業というカルマを背負っているのが人間である。このカルマの波動が一人一人の人間の持つ波長であり、生きている生命体の波長であり、その波長に類似性波長が振動によって接合・結合し、自分以外の集合体となり、その意識までも集合意識体となる。その結果、一人の人間の肉体に多くの霊が住み、その霊の意識が一人の人間を通じて行動するようになる。

そうなると、自分でない自分の姿が日常生活に現象化する。外国の医学では、多重人格者という病名で治療を行っているが、今日の自分と昨日の自分とが異なり、自分のできないことができたり、できるはずのことがわからなかったりというように、肉体を使っている霊の性格が肉体上に現れる。このような場合、肉体からなかなか離れてくれないので、霊に話しかけて説得させるのであるが、長い時間を要するのが常である。

これらに耐え切れないと薬物乱用が避けられない状態になる。危険性を承知で薬物に頼るしかない人間となるのである。日本でも、多くの子どもに麻薬が浸透しつつある。一瞬、何もかも忘れられるという快感を求めるのだろうが、習慣性になるとこの快感にマヒしてしまうので、脳波のコントロールが故障し、狂い出す。

大人も子どもも、逆境という貧しさに耐え得る強い精神力に欠けている。戦中戦後を生き抜いた年齢の人間さえも、バブルの豊かさに馴らされて、贅沢な暮らしを望んでしまった。この豊かさの裏で、国民総病人による保健医療費赤字財政という貧しさを露呈しているのである。

政・官・財三つ巴の談合密談は、負債隠蔽策略であった。思わぬ崩壊があまりにも早く来てしまったので慌てたが、間に合わず、小出しにして負債額を示し、国民を騙してきた。その総額は、想像もつかない金額である。

バブル時代の金余りは負債金額分の金余りであって、お金がなくて金余りという摩訶不思議の有り様であった。実態を知らぬ国民は好景気の宣伝文句に踊らされて、農家の子も漁民の子も大学へ大学へと甘やかされて都会にあこがれた。猫も杓子も大学を出て、実力もないのに鳴り物入りで入社できた。企業は競争社会を築き、多角経営と設備投資で社員を増やし続けた。社員は高給を望み、楽な仕事を選んだ。すでにバブル時代から人間が狂い始めていたのである。支払う金もないのに高級料亭で飲み食いのドンチャン騒ぎをして、そのツケが回ってきたが、支払う金がないと誤魔化しているのと同じである。筋が通らぬゆえ、支払う金はどこから捻出するかと言えば、国民から預かっている税金で支払うのである。民主主義とは口先ばかりで、権力の下で押し付けられてきた金持ち優先の政治が、誤魔化し帳簿の隠し財産と隠し負債という二足のワラジをはく悪事を犯し続けてきたのであった。

インフレとデフレが同居していたから、バランスが崩れると一瞬のうちに崩壊するが、夢にも思っていなかった早さで崩れ落ち、その修復は困難を窮め、今なおその尾を引いて四苦八苦という財政は、国の存亡につながりかねない。その心配をして米国の高官が日本経済立て直しの催促に来日したほどである。なぜならば、ドル高値がいつまで持ちこたえられ、好景気が維持できるか、米国はその自信がないから急下落するドル安の前に円高を狙い、輸出で稼ぎたいのである。円安では米国は儲からないからである。輸入国の日本を立て直し、円が世界に流れ出せば、世界経済が安定するという計算である。

さすが、地球の中心は日本であるから、日本経済が世界を脅かすことになるのであろうか。しかし、世界経済は日本国と同様、火の車である。今はまだ何とか隠しおおせているが、氷山の一角が崩れ出せば連鎖反応ですべてが崩れるのである。地球からお金が消える日が来ると言えば信じがたいことであろうが、宇宙空間は左巻きの波動の渦巻きで、長短の波長の渦となっているから、竜巻のようにすべてを呑み込んで、いつしかどこかへ消えていくのである。

このような苦難と惨事がわが身に起こらねば、人間の我と欲を消すことができないものと思われる。悪魔は人間に欲を煽《あお》り、神は人間に欲を捨てよと申される。あなたはどちらを選択するだろうか？　これから欲を出しても、すべて損をして失うようになっていく。バブル期に出した欲の儲けは、今、損失となって失っている。

この真実をどう判断するかは、一人一人の自由意志にゆだねられる。

税金を誤魔化そうと思う心が欲心であり、我欲である。誤魔化せるほど儲けているということであるから、いずれ必ず損失を招く。上を見て暮らすから欲心が湧くのである。下を見て暮らせば、自分より貧しい暮らしの人間がいるとわかれば、気が楽になるはずである。

この気楽が人間性を取り戻す機会であり、余裕という安らぎを得て、心身ともに健やかな家庭円満の秘訣である。

気負うから疲れるのである。肩の荷を下ろして気を楽に、その日その日、感謝で暮らせばよい。いくら焦っても頑張っても、努力は報いられることなく、金詰まりはどの家庭にも襲ってくる。

今や、金持ちのお金も、使い切らずに世の終わりを迎えるということになるかもしれない時代である。使い切れない財産は、世のため人のために役立てて使えば、お金も生きるし、その行為は生きる人間の喜びともなる。無償の奉仕こそ、無我無欲の美しい真心である。

人間本来の真心を取り戻し、皆仲良く相和して共存共生のできる気楽さを身に付けてゆかねば、これから生きることはだんだん難しくなっていくだろう。宇宙の法則を頭で思考するだけでなく、意味の深さを理解し、自分とは、心とは、魂とは、そして死後の世界の存在、神の世界の存在は己の心の内にあるという一体感の宇宙意識が、今問われているのである。自己確立の重要性を認識して、常の心で、感謝の一日一日の暮らしを大切にしていただきたいと願ってやまない。

国の財政デフレ、企業の金融デフレ、個人の資産デフレ……。崩壊という大きな節目のデフレ時代を、強く正しく明るく、無我無欲の心を養い、頑張って生きていただきたいと願うものである。

# 現世での幸福を願うは幻である

**幻とは金銭である。**
**我《が》と欲のための苦しみで得た幻である。**
**まず欲心を捨て、自我・プライドを捨て、固執・執着心を捨てること。**

現世で幸福を乞い願い生きる人間の生活設計はすべて幻である。我と欲のための苦しみで得た幻である。

幻とは金銭である。金、金、金と幻を追い求め続けてきた。時の流れに乗って目の前に現れることのすべてが、今ようやく見える時が来た。あらゆるものが大不況という形で、その両肩に重くのし掛かってきたのである。今は、これからも幻を追い求める時ではなく、しっかりと足を地に着く己でなくてはならぬゆえに、幻をすべて断ち切らねばならない。

まず欲心を捨てること、自我・プライドを捨てること、固執・執着心を捨てること、それにまつわる重荷を下ろすこと、そうしてやっと真の己が現れ、己に本来与えられたる真の姿に返ることである。人は失うものがなき時に真の強さが現れるのである。失うものがなければ恐怖もなくなる。これが意識転換の第一義なり。

恐怖のために執られわれを持ち、幻を追い求めてきた人間であった。資本主義社会に翻弄され、物質文明に踊らされ、金を儲けて消費する満足感が幸福だと勘違いしてきた今日までの誤りが両肩に重くのしかかってきた崩壊現象である。現実に目の前に見える時となったのである。今、ただ、己にあればよいものは、真の労《いたわ》りと、愛に包まれたる家庭であり家族である。今この家族までも崩れんとしている。学校も崩れようとしている。

何もかも、金で動いた時代の時の流れの変化である。幻は金である。金は天下の廻りもの……と昔の人は言った。天が廻してくれる恵みであるからありがたい。人から人へと巡り巡り廻り廻るものである。廻ってくる順番がある。己の手から離れて他人へ廻り、またいつしか時を経て己のところへ戻ってくる。その時ありがたく使わせてもらうのである。その金額は必要な額だけであって、分相応に与えられる天からの恵みである。贅沢のできないように天が図らっているから不思議である。貧乏人が金持ちになると贅沢をしたがる。金持ちは昔からケチが相場と言われ、無駄遣いはしない。お金とは、それぞれに役目を果たすために与えられるものである。分相応を忘れて、猫も杓子もローンでマイホームを建て、猫も杓子も大学へ行き、点取り虫で卒業し、実力のない者までが大企業就職を望み、すべてが金の世の中のバブル期を過ごしたその償いが、今、現実に夢幻と消えつつある。

どう足掻いても、どう焦っても、資本主義崩壊は免れない。倒産もリストラも、失業率五%に至ったこの現状は、先進国にあるまじき実態であり、真実である。

世界的連鎖反応を起こして資本社会は苦境に喘ぐ。日本経済は世界経済を狂わしも正すこともできる立ち場にあるが、あまりに我欲が強くて強者の意識が強すぎる。地球で起こる闘争、戦争に、難民救済にと、多額の援助資金を流出させ、日本人が日本人を救うことを忘れている。外国は経済援助を求めて外交親善を唱える。もうすでに貧乏国に転落していることを隠し通せると思っている日本国でもある。砂上の楼閣となっている企業ばかりが赤字決算に四苦八苦の恐怖に怯え、必死の思いで合併の手段を講じているのである。合併しても外面《そとづら》だけが大きくなるだけで、内部事情は、近代工業に過剰投資を重ね、過剰人員を雇用してきたバブル期のツケが、今負債となって、皆同じ穴のむじなである。世界的経済社会の誤算が暴かれているのである。

平和ボケしてきた日本人には、バブル時代の夢よもう一度の思いであろうが、次第に貧富の差激しく、人心は乱れ、混乱の世と化すであろう。犯罪は多発し、世界テロ行為も激化し、核戦争勃発の危険性も可能性も高まる流れがある。

今、地球は今までの地球ではない地軸問題や、高次元波動の強化などによる人類滅亡という悲惨を迎えんとしている重大時であることを認識し、ただただ洗心の実践が叫ばれている。

## この世の終わりとは、魂の消滅（人類滅亡）である

今、初めて明かされること、それはこの世の終わりが来ること。人は皆この世の終わりというものを正確に知ることができない。たとい「取次の器械」と言えども、これを知ることは許されないのだ。なぜか。この世の終わりとは、目に見えてすべてが失われることではない。この世の終わりが来るとは己の魂の消滅のことである。

この世とはいかなる世か。この世とは己の魂の存在があってこそこの世である。この身が肉体を離れ、いかなる次元に移り住もうとも、魂が住む世界が常にその魂にとってこの世である。この世の終わりとは魂の消滅にほかならない。

魂の消滅があるだろう。この世の終わりを迎えねばならない者があるだろう。魂とは、生み出され常に進化を繰り返していくものであるが、進化の波から外れる者もある。

意識とは魂から生み出されるものであり、常に漂う。意識をこの世から消滅させることはまず不可能だろう。

意識とは魂より生み出されたる想念であるゆえに、これは宇宙の創造の力に吸収される。宇宙の創造の力に吸収された意識は、大いなる力の根源に戻って宇宙を形成する。

その意識とは常に宇宙の中に吸収されているものであるが、魂がその意識に関わればいつでもその意識は目覚める。ゆえにその目覚める意識が相対性で唱える。善であるか悪であるかによりて魂に様々な影響を及ぼすのだ。善なる意識であれば守護霊か、神か。悪なる意識であれば邪霊か、邪神か。

常にこの世に存在する意識体であるゆえに、魂の進化によりて様々に関わりを持つことになる。

ゆえに心を洗えということになるのだ。心を洗おうと努める時に人は善なる意識に向かう。しかしそこでは相反する力の作用が働くゆえに、両極が触れ合う。触れ合うが、それを引き出すもそれを引き出さぬも、己の魂次第である。大切なことはすべてが善念であると認めることである。善念であると認めることによりて救われる（類似性波長）。

確実に存在するものは多いが、その存在をどのような形で認めるかによって大きく変わる。心の中にあるものはすべて己が知っているわけではない。長い間に己の潜在意識に積み重ねてきたものが己の心を支えている。それが誤りであっても、それが正しいことであっても、それは問題ではなく、ただ心の中にある潜在意識が法則を伴って力となって現れる。天から万人が授かったものとは愛である。すべての者が心に持っているのは愛である。

## 天位転換と一大天譴《てんけん》（天罰）

**地球天位転換は、新たなる高き波動を親星なる太陽より盛んに送らるる天の仕組みなり。波動の修正と転換期なり。**

私たちの住んでいる地球は太陽系の中の一つの惑星であることはご存知のとおりです。宇宙には太陽系のような星の集団は数えきれないほどたくさんあるそうですが、これらの星の集団はそれぞれその星の集団の中心となる星、親星（恒星）を中心として大きな渦巻きの運動をしながら運行しています。すべての星々が宇宙の一大法則に基づき秩序正しく運行されているのです。寸分の狂いもなく、親星を中心に自転公転しながら正確に運行され、大宇宙の法則（大宇宙の構成）が守られているのです。宇宙間には偶然はなく、必然的に行われるのです。この宇宙の法則とは、宇宙に存在するすべてのもの、星という天体も、その星に生存する植物も生物も、もちろん地球という星に住んでいる人間も含んで、すべてが進化するように図られているのです。この進化の法則により、私たち人間は生まれては死に、生まれては死に、転生を繰り返しているのです。

大宇宙の太陽系の親星である太陽が、今回、進化の法則により、天体上の位《くらい》が昇格されました。これらのことは、人間の知ることのできない学問であります。

この太陽の昇格に伴って、子星である地球も昇格される時に至ったのです。この太陽の昇格に伴う一連の変化現象を「天位転換」というわけです。今回の太陽の昇格に伴って子星の地球も昇格しているのですが、特に地球の場合は大変な事態が待ち受けているのであります。先に申し述べましたとおり、天位転換は地球の昇格に伴う地球人類の進化のためになされるものであり、進化のために目に見えない宇宙の法則の働きがなされているのであります。昇格した太陽から地球に送られてくる生命エネルギーの光は、日一日と強まってきており、この光波はすべての生物にとって生命の源であります。

光の速度を波動と表現し、地球上においても、地球人類においても一大転換期に突入し、不良星であった地球が波動の高まりと速《はや》まりで優良星に昇格するまでの期間、この生命エネルギーの強まり高まり速まりの変化に対応して、生きていく心と身体をつくるための意識転換が必要になってきます。波動の高まりに順応できる心、思考に変えていかねばならず、肉体も、美食や肉食で汚れた血や細胞を変えていかねば、難病（エイズ）奇病（皮膚が腐り死に至る）から身を守ることはできなくなります（因果応報）。

地球人類が過去数千年間に累積してきた栄耀栄華《えいようえいが》のための権力支配と、奴隷的立場の地球人類の悪想念と悪業想念を、太陽から送られてくる高波動によって清算され、浄化されるときとなったために、地球にとっても、地球人類一人一人にとっても、大変な苦しみを生じざるを得ない時となったわけであります。一人一人の心を浄化するには一人一人の自覚が必要ですが、大不況経済・大失業時代・人間不信の状況下において浄化は難しいことゆえに、地球を、人類を、浄化し清浄化するために、一大天災地変という形となって地球地上に現象し、人類の心を変えようというのが大宇宙のご計画であられます。このことを一大天譴《てんけん》と言われています（天罰）。

地球人類が、日本人が、私たち一人一人が、この天の一大変動期をどうやって生き抜き、新時代を迎えることができるか、今、一人一人にとって一大決心の時でもあるわけです（苦しい試練が用意されている）。

会社のためにではなく、家族のためにでもなく、一人一人がどのような心構えを持って生き抜くか、老若男女を問わず考えねばならない時です。では、どういう生き方をすれば苦しみから救われるだろうか、と考えるのは普通一般誰もが考え出す発想であり、智恵をしぼり出すものです。しかし、人間一人一人積み重ねきたる業《ごう》（カルマまたは宿業）は違いますので、その人の業《ごう》の度合（重さ）に応じて苦しみが与えられるというわけです。

この苦しみから逃げることも免れる手段もありません。他力に頼り縋《すが》り一心熱心になっても、縋ろうとする横着な思いがさらに業をつくり出して積み重ねることになるのです。その結果、よけいに苦しみが増し、結局最後の決断は自分がすることになるのです。生き残るか、自殺するか、を選択するのと同じことです。結論は生と死と二つの道しかないのです。死は崩壊の道であり、生は創造の喜びと勇気の道であり、死は一瞬の苦しみですが、死後の苦しみは倍増し、地獄の苦しみに耐えねばなりません。生もまた、生きて地獄の苦しみを受けねばなりません。どちらを選択するかは一人一人の自由意志であります。死を選んでも生を選んでも、業《ごう》の償いはしなければなりません。償いの苦しみは一人一人に与えられ、その苦しみに耐えてこそ業《ごう》（カルマ）の除去となり、身も心も軽くなり浄化されることになり、太陽から送られてくる高次元波動に対応できる人間となるのです（肉食を続ける限り、業《ごう》の除去どころか、さらに業を積んでいる状態です。このことに早く気付くことが賢明）。

業の除去・崩壊で心身ともに救われる生《せい》の道とはどんな苦しみであるか、この一大転換期に生き残れる心構えとはどのようなものであるか。

天上の神々様が、人類を救わんがために、涙して気付けよ、気付けよ、早く気付けよと現象界において示してくださっておりますが、人間、欲のために、我欲が強いためになかなか気付かないのであります。生きて幸福の道も、死んで地獄の道も、永遠に生き続ける魂の修行である「洗心」以外に魂の救われる道はないのです。生ある者は皆必ず死にます。死ぬまでに浄化しておかないと霊界での償いの苦しみは想像以上の苦しみであることを知らねばなりません。この世は玉石混淆の修行の場でありますが、あの世は玉は玉、石は石、つまり善なるものと悪なる者とに分けられて、悪なる者ばかりが住む世界が地獄界とも言われ、苦しみのあまり償いはできず、そのため永遠に苦しむということになります。償いのできぬ者は業（カルマ）の重みで救われることなく、その例としてノーベル博士もダーウィンも今なお幽閉されて地獄におり、魂の進化が止まったままであります。

心を洗う修行によって業《ごう》は除去されていくのです。業《ごう》は己の我欲が原因でつくった結果の現れですから、自分自身で償わなければ償いにはならないのです。己が蒔いた種です。しかし、この洗心の深い意味をよく理解し、実践しなければ天上の神々まで届くことなく、生き残っても世は生き地獄となり、生き霊《りょう》（生きている人間の念波）が飛び交う「憎しみ、嫉《ねた》み、猜《そね》み、呪い、怒り」などの心を持った人間社会が混乱を引き起こす惨事も多発してくるに乗じて、精神異常者が増加します。このような世の中でどうして幸福な暮らしが望めましょうや。そこに大きな落とし穴があるとすれば、それは贅沢三昧の見栄や世間体の我《が》を張るからなのです。猫も杓子もの時代は終わり、地に足を着けて未来に向かって歩く姿を鍛えていかねばならないのです。学歴時代の終わった子どもたちに塾の必要もなく、明るく素直に育つことを親の責任として親自身が子どもに手本を示し、家族一体協力し合って心を洗う努力を身に付けておかないと、いつ襲ってくるかわからない天変地変の一大変動の中での生活苦に耐えていけない人間がいかなる行動をするか、悪影響は連鎖反応を引き起こすことになりかねません。大人も子どもも一人の人間として自覚を持って、今何をなすべきか、なさねばならないか、家族が社会が企業が国が、それぞれに考えねばならない時であります。

海外への物資支援をする前に、日本国が世界の手本になる意識転換・意識改革を、宇宙の法則に照らし合わせて、頭の中の考えではなく実践していかねば、地球始まって以来の未曾有の惨事が起こるといっても過言ではありません。すでに優良星界の皆々様の地球救済の、日夜を分かたず努力してくださっていることは真実であるからです。地球という星が、今まさに不良星から優良星に昇格しつつあり、太陽から送られてくる地球清浄化の強力な速効なる高次元波動に順応できる精神力を、心洗いによって鍛え、業《ごう》の崩壊の苦しみの試練に、一人一人が耐える時であります。

病いに耐えることも業の崩壊のための苦しみであります。会社不況も企業全体の驕り高ぶりの悪想念・悪業想念の崩壊でありますから、いかなる手段を講じても宇宙の法則から免れることは不可能です。偶然ではなく必然的に、なるべくしてなっている現象です。これが法則の厳しさです。驕り高ぶった学歴社会も崩壊した今、もう大学は必要ないのです。人間は智恵も力も備え持っているものです。誤った教育によって閉じ込められて眠っているのです。脳の退化なのです。

現代医学も限界に達し、難病・奇病に対する医学はお手上げ状態でありながら、なお威《い》厳《げん》を保とうと座り心地のよい椅子から離れず、しがみついています。医学はあくまで職業であって、薬や注射を使う一時的治療を施しているだけで、結局人間は人間を救うことはできないという実証をしているのですが、患者は病気になって死ぬ医者も同じ人間だということに気付かないのです。

信者を暗示にかけて人を救うかのように説法している宗教すべてに対して言いたいことは、偽善行為であり、金集めの妄者にすぎない人格者が教主であり、「阿片に侵された」信者は、救われることなく教主と連なって煉獄《れんごく》という地獄に落ちねばならないのです。教主の共犯者が信者の立場にあるのです。

自惚れの強い人間は邪神邪霊に操られやすく、その霊力によりて地位・名誉・権力という驕り高ぶる姿の人間は、いつかは必ず神の光の下に醜い姿を晒《さら》け出さねばならず、結末は邪神邪霊と同じ裁きを受けることになる。人間は「我《が》を折り、よろしからぬ欲を捨て」と、この我欲を捨てる修行のために生かされているのです。一朝一夕に簡単にできるものではありません。また、限られた期間中という問題ではありません。百年長生きすれば百年間が洗心の修行の期間であります。永遠の魂の進化に必須条件の洗心だからです。長年洗心の努力を続けておりますと、想像以上の体験をするものです。これを奇跡というのでしょうか。臨死体験をした人々が一様に口を揃えていう言葉があります。「光に包まれた美しい光景の中で咲き誇ったお花畠を見た」と。奇跡という背後には必ず神の存在があります。しかし邪神邪霊が起こす奇跡は、宗教関係に多く見受けられますが、この奇跡は奇跡ではないのです。人間を操る霊力の見せ場なのです。

精神世界は想念の世界であるがゆえに、皆さんの中には、イメージトレーニングをしている方や瞑想による精神統一法を実践している方など、多くの修行を実践している方も多いのではないかと思われます。が、その根源である宇宙の法則を知っていないのです。

宇宙の根源は無なのです。そして無から有を生むもの、その実体は愛なのです。この愛から生まれたものが生命体であり、このように愛の形が変化して進化する状態を平易に申せば幸福ということになるのです。

大宇宙の無の空間に星々の誕生を創造なされたお方を「宇宙創造の大神様」と申し上げておりますが、夜空に輝く星々を創造なされ、その星々に生命体を誕生なされ、そのエネルギーのすべてを与えてくださっているお方というわけであります。このお方の存在を知らしめるために、宇宙創造の大神と申し上げてご尊厳・ご尊敬申し上げております。この大神様の愛念のすべて（光と力と叡智）をいただいているのが人間であり、動物であり、植物であり、自然界であり、地球という天体も同じなのです。

このご愛念のすべてを法則と申し、この法則によって大宇宙の秩序が保たれているのです。ゆえに厳しいのです。ゆえに愛とは厳しいものであるということを知れば、情けとの違いを理解していただけるものと思います。

# 第二章　人類を滅ぼすもの

# 人間は心のカルマで汚れている

**人間は心の垢（カルマ）で汚れ、**
**これを洗えず、我欲の誤りに気付かず、正すこともできず、**
**何もかもが宇宙の法則どおりに働いて破滅を迎えるに至った。**

人間は心の垢（カルマ）で汚れ、これを洗えず、洗わぬままに何もかも巻き込んで一生懸命バブルを漕いでみた。足も手も疲れ、漕ぐことを止める時が来ることは仕方のないことで、一生懸命漕いだ後に虚脱、空しさ、疲労、悲しみ、救いの手を受ける心の余裕もなく、何もかも投げ出してバブル崩壊の結果に引き落とされた。心に思うとおりの波動が地場（磁場）をつくり、心の波動の調整ならず、未熟なる者ばかりによって転がされしこと、ゆえにあれもこれもひっくるめて何もかもを教え込むために盛んに情報が運ばれ、実体のないものに踊らされ、実体のあるものをつくり上げることができず、何もかもが流れゆくままに一生懸命、我欲を漕がされていった。我欲の誤りに気付かず、正すこともできず、法則どおりに破滅を迎えるに至った。何もかもが法則どおりに働いていることに気が付かず、己のなしたことの見返りがすべてであり、己の蒔《ま》いた種が今こうして芽を出し、己を苦しめていることに気付かず、少しも己を省みず、反省することもなく、懺悔することもなきゆえになかなか己の姿が何に対して誤っているかということに気付かないのである。

すべてはありのままに法則どおりに働いている。原因結果の法則どおりに因果律が働いていくのである。誰をも恨むなと言っても愚痴を言い、他の者のせいにし、己の心から発したる念が念波・霊波となってすべてのものを引き込み巻き込み、また己を苦しめるために働いていることに気付かず、いつまで経っても愚かなる魂である。我欲を捨てよといくら呼んでも叫んでも応えぬのは、その己の愚かしい心の業《わざ》である。人間に与えられた欲というものを己が制し、脱しようとする心がないから、何をも己が脱する力がない。まだ今からでも遅くはない。我欲の誤りが法則どおりに働いて引き落としてくれたのは一から始めるためである。一番先に始めることは、己の心の垢を落とすことである。懺悔の心は心の垢を洗い流すことにつながる。力の限りに尽くすことだけが己の力になるのではない。引くことも寛容である。心に満たすことも寛容である。何を満たすか……それは愛の心である。

与えられたるすべての中から己が何を選択していくかが力である。悪を取り入れれば悪の道に染まり、正を取り入れれば正なる気あふれ、新たなる世界を積み重ねることができるのである。吾が身のことに気を取られているうちは、我欲の心の中に潜む魔物はこれ特別なものではなく、この世にある限り皆が抱えしものである。その大小は様々なれ、その強弱様々なれ、魂の進化に応じて、その者の修行に応じて、その者のカルマに応じて、その者の心掛けに応じて現れる。まことに己が正しく清く明るく美しきものにならんとなせば、他力によりて魔物を引き出すことよりも、己が己に打ち勝って自力の心洗いによって魂を高めいくのである。まことに心洗いの大切なることがわかれば、自ずと実を結ぶ。他力（霊能者）の力ずくで魔物を引き出しても、その魔物消滅なすことなく無に帰すことなし。己が心洗いによりて光満たし、魔物消滅させるが最良の策である。いかに三次元の現状が泥沼であっても悲観することもなく、これを嘆くな、苦しむな、己を通してつくりたる環境、つくりたる世界、与えられし環境、与えられし世、定めは定めとして己がそこに己の世界を開けばよい。心洗いと体験の実践を一つでも多く重ねることの苦しみこそ、魂の進化となり得るのである。この体験の苦しみを知らずして前進できないのである。苦しみの中から強い意志力と体験の智恵と正しい己の判断を身に付けて、苦は楽の種となり、その種こそが進化の芽となって育ち実りいくのである。苦しみから逃れたい、その思いが答えだけを求めて焦るのである。苦しい基礎体験に乏しいから応用が効かないのである。

苦しい時こそ感謝せよ……この大愛の意味を理解しようとしない。己の宿業（カルマ）の消滅のための苦しみであることを知れば、苦しみはありがたい大神様の大愛のお計《はか》らいである。己の非を認めて（前生のカルマの上にさらに積み重ねたる今生のカルマをいかに除去せんや？）反省し、懺悔し、悔い（食い）改めて、生かされていることに感謝し、未来に向かって、今の己があることの喜びを実感し、大神様の大愛に報ゆる己であらねばならない。宇宙創造の大神様は、その御身から無限の波動を発し、無限の大愛を発し、無限の叡智を発し、万象を仕組み、万象を生み、万象を育て給う。

この大宇宙の散在する無限億兆とも知れざる星々の一つとして、地球は不良星から優良星に天命に従いて昇格するという天位転換の一大天譴《けん》（天罰）の時を迎えたのである。

天変地変という地球天体の償いがなされると同時に、人類のカルマの償いが待ち受けているという厳しい時代に突入したのであるから、全体は全体で、個は個々に、それぞれに相応《ふさわ》しき償いが課せられることになる。天位転換による人類の意識転換が急がれる時となり、宇宙の法則は寸分の狂いもなく働き、この法則から逃げも隠れもできない。ただただ償いの世と化すのである。今ある己の姿は不良星界人最後の罪滅ぼしの足掻きの姿であろう。罰せられる者は次々と光の中に照らし出され、暴かれ、晒け出され、地位・名誉を失いつつある。

宇宙の法則は厳しい。俺が俺がという我欲を出し放しにしておきながら、「あいつが悪い」「こいつが悪い」と言う愚か者が山のように集まって、肉も喰う、酒も飲む、毒も喰らう、欲は限りなく煽り立てられドンドン膨れ上がり、人間の垢は積もり積もって神の光を閉ざして真っ暗闇。光よ光よ景気よ景気よ、改革を叫んでも、天を仰いで神を呼ぼうとも無情ばかり、空しさばかり。

すべては心が生み出すものである。心が変われば世が変わる。心を変えていくのは己である。世を変えていくのは心洗いである。「常の心」で暮らし、「御法度の心」を起こさぬように努めることである。平成の世ならば己も平静であれ。善も悪も入り乱れているこの世が修行の場である。楽をするために生きているのではない。苦労するために生きているのでもない。すべての体験が進化のためである。魂の進化のためである。肉体はやがて朽ちるが、魂は永遠不滅である。幾度も転生を重ね、魂は新たなる世界で新しき体験のもとに進化なしいくのである。苦しみの後には喜びがあり、喜びが己を包めば、やがてまた、新たな体験の苦しみが現れる。この繰り返しである。この道理が理解できれば、感情の起伏も穏やかになるだろう。純に（順調）して驕らず、逆にしてなお、その逆たることに感謝する心が生まれよう。

# 世の中の悪行三昧《ざんまい》のすべては、これから暴き晒《さら》される

今日の地球人類が築きたる物質文明は、精神的向上に逆行する文明なるがゆえに崩壊の危機にあるわけなり。とりわけ今回の物質文明の崩壊は地球社会の生態系の壊滅にして、人類自体の死滅につながることを知らねばならない。もはや終焉も遠き未来にてはあらざる様相と相なり、急がねばならない。

今、国家の憂いが社会を混乱させ、人間関係の苦悩増大し、仁道にあるまじき人間の氾濫によって引き起こす想念波動が渦を巻いて悪想念体と巨大化し、悪業想念体となって強力化し、その繁栄の陰で狂いが生じ始めている。そしてそれがすべての体制の狂いに発展し、その現象化によって醜状が晒《さら》け出され、歯車がギシギシと大きな音を響かせて、動力の限りを運命とともに時間を刻んでいる。それが今の人間の生き方である。

時間は永遠ではない。時計の針が止まるように、人間にも時がある。それは死であり、肉体の無に帰す時である。肉体の動力源であった魂（心）は永遠であるがゆえに、死後、

再び霊体の原動力として生きる。この魂の存在のエネルギーは何であろうか。

太陽系惑星の親星である太陽から送られてくる光波は地球に及び、人類に及び、一人一人の魂に及んで、生かされている原動力の源は宇宙エネルギーである。

宇宙エネルギーは光である。肉体は光によって維持されている。胎児は母体とつながっているへその緒から宇宙エネルギーを吸収し、肉体細胞を形成していくのである。ゆえに動物を殺生して食する栄養学が肉体を汚し、細胞が動物化現象を起こし、肥満体型となり難病となる。

姿・形あるすべて（人類・動物・植物等）が生かされる宇宙エネルギーは、時間・空間的相対を超越して無限に広がる光の波動（力）であり、この光波はすべてに分けへだてなく、差別なく、善・悪を超越して平等に与えられる天（神）からの愛の波動である。光、すなわち愛である。自らの人体構造をもって教示してあるごとく、人間という存在は無限の宇宙エネルギー・空気を吸って生かされ行動できる、驚異的な有機体なのである。


今、社会問題の一つとしていじめがあるが、自己の自由意志によって尊い命を絶つことは許されることではない。いじめは、人間形成に最も重要・大切な教育の誤りから、どっちを向いても甘やかされる社会現象、組織的な教育法がコピー人間を育てた結果の現象である。厳しさと優しさの愛情、善と悪の正しい判断の教え、子どもは叱られることによって痛みを知ることができ、心の広い人間に育ちゆくものである。これが誠の親の愛情である。親の愛情を知らない現代っ子に限って愛情を求めているもので、その求める行動として、いじめる子どもになるのである。

また、いじめられる子どもも、親の愛情を受けていない寂しさに耐えている子どもである。両方とも暗く孤独な存在である。子どもの自殺が責任感の強い人間に影響して責任自殺という連鎖反応を生じさせるのである（校長・先生の自殺）。

言論の自由性社会、弱肉強食制度社会、意志薄弱正当化社会、強靭な意志・精神力欠如、また、社会に散乱なす言葉、氾濫なす文字は虚偽《きょぎ》と策謀に充ち満ち、欺瞞《ぎまん》と不徳の文明を築き、利益のみ追求する利己主義に偏《へん》し、放埒《ほうらつ》に暮らし、バブル崩壊後も夢・幻の意識転換ができず、唯物《ゆいぶつ》思想に堕落《だらく》し、低級化した人間の心に安らぎの場はなく、幸福を願えば願うほど逆行する政治の仕組みに耐えられぬ者、必然的に犯罪・事故・悪事の多発するは当然であり、個人は個人で、全体は全体で、人心の乱れが社会全体の乱れにつながって、弱者の老人・子どもが泣くことになる。

例えば、宗教団体組織は集合意識体そのものであり、誤ったる集合意識体は信者の家族を苦しめ、社会を混乱させ、国をも滅ぼすほどの強力な集合意識体と化す。

宗教は表に平和を唱え、その裏で金の力で地位と名誉と権力を駆使して世界を牛耳ろうと企む。そうした恐ろしい人間が、日本国をも吾がものにせんと皇室（宮内庁）にまで魔手を伸ばしている。皇室を潰さんとする魔手の犠牲になっているのが雅子妃であられる。現在の状況では、将来のことながら、皇后様への即位は不可能であり、また愛子様の教育にも不適当であられる。

宗教団体が政治に関わると、イラクのように収拾が取れず、宗教信者が人を平気で殺す状態が続けば、やがて国は滅んでいくだろう。テロも、戦争も、宗教が原因で、絶えることはない。宗教で世界が平和になることはない。宗教で人間が救われることは絶対にないといっても過言ではない。宗教の金と力で政治を動かしてはならない。サリン事件も宗教であったが、事件を起こした信者たちは宗教の悪魔に操られ、脳波をコントロールされていたため、自分を見失っていたのである。加害者も被害者も偶然ではなく、必然的に悪魔の犠牲になったのである。麻原教主は無罪を訴え続けたが、彼自身は気の弱い小心者に過ぎず、悪魔に魅入られたのである。サリン事件で宗教の誤りを神様が示されたのであるが、悪徳商法の宗教教団は後を絶たない。

狂牛病が流行し、騒いだのは束の間で、次にブタやニワトリに至る手段をもって肉食の非を神様が示されたのであったが、人間は肉食をやめようとはしない。様々な形で神様が警告し、人間を救おうとしてくださり、示されていることに、人間は気付こうともしない。

近代化工業社会の崩壊が目前に迫りつつある時代に、少子化現象は偶然ではなく、必然的現象である。子どもを生んでも育てることができない母親現象であるがゆえに、虐待・いじめ・自殺・犯罪が起こるのである。

昔から三《み》つ子の魂百までという諺がある。現代社会では0《ゼロ》歳からの乳児園もあり、三歳児から幼稚園卒業までの間、親の愛情を知らぬまま成長し、さらには学歴重視、点取り教育に翻弄される子どもたちには、愛に包容される家族関係もなく、当たり前のように鍵っ子で育ったバブル期の子どもたちであった。すべてが金、すべてが競争という教育を受けたバブル期の大人たちが、今、子育ての年代であるがゆえに、子どもを育てられない、年老いた親の面倒は看《み》ない。

今、北朝鮮は核に執念を持ち、韓国は北朝鮮に怯えている。

核保有国の地下実験によって地球の地軸が傾斜しつつあり、その影響が気象異変である。地下核実験は地殻変動を起こし、その変動が時間・歳月を経《へ》て大地震や津波をもたらし、干魃《かんばつ》による砂漠化現象、大河の枯渇や流れの変動、地上異変では竜巻、大雨、長雨、台風による被害は世界中に及び、経済、農作物、失業など、悲惨な結果になる。

難民続出は必ず食料を求めて闘争を起こし、やがて先進国は武力で食料を得んとすれば、戦争は避けられない。一人の人間によって核のボタンを押したならば、保有国のボタンは一斉に押される。人類滅亡が始まる。地球が破壊されるか、自転・公転の軌道からはずれて流星になるか、重大時を迎えている。

科学信奉者によって、今、地球が壊滅の危機に晒されていることを一人一人が自覚し、対処しなければならない。

近代医学は病人を増やし、老人福祉社会をつくった。資本主義経済は儲けた分だけ損をする経済で、貧富の格差を生む。巨大化合併は双方の角《つの》隠しであるから前途多難が付きまとう。昔のように、ソロバンを使う商人にならねば、タヌキの皮算用で終わってしまう。

政治家のご都合主義主張で議決した教育方針の誤りの罪は大きい。その誤りに甘んじた五日制教育の教育関係者の人格低下、吾が子を育てる教育的立場の家庭の無責任。政治・教育・家庭の三つ巴悪行の実体がやっと表出したのである。世の中の悪行三昧のすべては、これから暴き晒される時に至り、真実だけが生き残れる時代を迎えるのである。

子どもの学力低下を問題にして責任の追及をしているが、コンピューター、インターネット、ゲームソフト、携帯電話、オフィスに家庭に世界に網羅する電子科学は、脳波動が乱れ、いつもイライラする精神作用に影響が及び、視神経が大脳を刺激して、その連続による慢性化が子どもの性格を左右することになり、マンネリ化が人間性をダメにしていくのである。一番大切な精神的成長期にこのようなゲームに熱中すると、人間は協調性の心を失うし、視神経が疲労して落ち着きがなくなり、集中力が欠けて勉強が嫌になる。さらには、野球・サッカーに熱中し、歌い踊る激しい音楽に熱中し、常に落ち着く時間がない生活を送ることになる。

また、冷暖房の快適さは健康維持の逆効果であり、神経系統が鈍り、細胞障害を起こし、鈍感とか、敏感とかの病的症状に陥り、精神的苦痛を体験し、その苦痛のためにイライラする心を持つのである。

さらに、肉食人間は性格的・肉体的質が低下し、精神統一性が破れ、利己主義・闘争心・征服欲・残忍性等の精神状態を徐々に培《つちか》い、やがてそれを行動化して世を乱し、ひいては悲惨なるテロ・戦争を惹起する遠因となることを知らねばならない。

これらの集大成の姿・形が病いであったり、犯罪多発、自殺、いじめ、事故、倒産、マネー地獄、不況、失業、すべて崩壊に向かう未来であることを自覚しなければ、これから産みの苦しみが始まる。地球がこのまま存続し、人間もこのまま生きられると思っているから大誤算が生じるのである。

地球は今までの地球ではなく、徐々に徐々に太陽からの光の波動が高まり速まり伝わって来ているが、人間は学識者の言葉を信じて、誤った言葉の情報に馴《な》らされている。地球は刻一刻と変動しているのである。この変動が崩壊という形で現象していくのである。今、それらが警告や示しとして見せられている。偶然はなく、必然的に、起こるべくして起こる現象である。時間は残されていない。

## 霊波・念波の作用について

**想念《おもい》の波動の渦の中で生かし生かされているのが人間（動物）である。**
**作用を受けないためには執らわれを失《な》くせよ。**

宇宙創造神の意識の一部はいたるところに介入している。そうして様々に霊波念波の作用を起こし掻《か》き乱す。どれ一つとして関わりのなきことはないゆえに、関わっていることの一つ一つのその霊波念波の作用を明らかにする。

霊波念波の作用とは心の作用である。魂の心の作用である。形に執らわれ、物に執らわれ、心に歪みが出る。自発的なものではなく強制されるものであれば、さらにうっ積が募る。うっ積が募る間は本物ではなく、己の悟りではなく、こうあらねばならないという姿である。こうあらねばならぬというガンジガラメの己の思いではなく、自然に行われるようにならねば、真の幸福も自由もない。例えば、百日間の行《ぎょう》をする、行の間は限られた時であるゆえに耐えられる。しかし、これが無期限でいつ終わるともいつ果てるとも知れぬものであれば、次第次第に強制され強要されている、という思いが募る。果たして己は、己の心は、これをどう受け止めているのであろうかということを考えることもなく、ただ、それを受けるだけである。常に己の心が何を感じ、どのように思っているかによって、己の発する波動によって、己の現状が作用を受ける。それによって影響を受ける。自然な姿で己から発せられたるものであれば、己も自然にそれを受け止め、執らわれがない。執らわれをなくすために、こうあらねばならないと思うことを止めよう。こうあらねばならないということではなく、こうあるほうが己にとっては心地よい、罪悪感も呵責《かしゃく》の念もなく、何かに益しているという思い、これを育てることが魂の進化につながる。

人は本来善なるものがゆえに、その意識は深層意識ですべて連なっているゆえに、何かに益することに、何かに役立つことに己が関わっているということは魂の進化につながる。それは魂の喜びであるからだ。

まず、物事に対して己はそれをどう捉えているかを己自身が知ることである。これを遂行なすも、躊躇なすも、これを破棄なすも、己が己の心の中に湧き上がる思いによりて判断していかねばならない。まこと内なる心から湧き出るものが本物である。心から湧き出るものにならねばならない。これを様々なところに応用してみれば、あらゆることに直面したる時に、どう判断すればよいかが自ずと己の内なるものから現れてくる。

霊波（死霊）念波（生霊）は人間だけのものではない。動物霊の霊波念波も人間に大きく関わっている。動物霊は供養の思いを受け取っているであろうか。まことに心の内から湧き上がる愛念と、湧き上がる供養の思いは届いている。受け取っている。これがただ唱えるものであれば、どのような波動が行き交うであろうか。唱えるだけの心には、これに執らわれている心があり、呵責の念があり、こうあらねばならないという義務感がある。まことに動物霊に対し、愛念を発し日々生きることが供養である。心から動物を愛する心が供養につながる。人も動物も植物も、この世に棲息するものに等しく愛念を持つことが、それぞれに対する供養の心となる。己がどうこれを受け止めるか、どう消化するか、どう納得するかである。答えは自ずと己の心から湧き出るものである。

動物が殺される時の悲痛な叫びの怨念が霊波・念波の波動となって渦巻く。動物も涙を流すのである。殺される仔牛の母牛の悲しみは人間と同じ。動物を殺生して食料や毛皮となす大罪を犯しきたるは、知性なき行為にして、人類自体の破滅につながること熟慮すべし。肉食の暮らしを赦されているのは知性の未発達なる未開人類のみである。殺害せし動物の呪い恨むる想念波動のいかに強いことか。

## 念波（御法度の心）・霊波（霊障）

**相手を苦しめ自分も苦しむ念波。**
**この念波の波動に同波長の霊波が引き寄せられて霊障が起きるのである。**
**霊障を受けずに生きる人間は一人もいない。**
**言霊《ことば》とは念である。想念《おもい》の念である。**
**念は波動である。念は力でもある。**

肉体の波動を念波という。霊体の波動を霊波という。悪しき想念抱けば悪念となり、悪しき波動の世界が広がる。善なる想念抱けば善念が善波動となりて広まり、善き展開となっていく。真実は善であるが、善のまことが通らなくなり、まことを見失うのである。見失う時、悪が支配する。

念は力である。善は光である。善念を起こし、発し、行じていけよ。

決して悪しきに執らわれてはならず、流されてはならず、支配されてはならない。御法度の心を起こしていることに気付けよ。

人に御法度の心を起こさせている己に早く気付けよ。我《が》と欲を張るゆえ、人に御法度の心を引き起こさせているのだ。いずこに落ち度があり、いずこに迷いがあり、憂《うれ》う心があり、咎めの心があり。己の誤りたる概念で人を支配してはならぬ。一歩退《しりぞ》き、他を尊重し、他の意見を取り入れ、公正・公平なる判断をする冷静さを身に付けよ。物事は絶えず変化しており、心の自由性とともに波動も常に変化しておる。固定的概念で支配したり、事の判断を早急になそうとするな。

人間は己が苦しむことには敏感であるが、己が相手を苦しめていることには鈍感である。なんで己が苦しいのかと思う前に、己の何が苦しめているのだろうかと発想するほうが早道である。受ける念よりも発する念のほうが強烈であるからだ。

己が発する念は肉体と意識と、己のあらゆるところに、すぐさま敏感に浸透するのである。発している大元は己であるからだ。悪人に仕立て上げているのは周りの人間の霊波念波の作用である。悪人に仕立て上げられた者は霊波念波の念で苦しむのだ。念によって苦しめられた者は、返り念を起こして、発した人間に返すことになるのである。これが想念波動の世界である。

言霊《ことば》の力に気付かずこれまでの習慣どおりに言葉を発しておれば、吾が発したる言葉の力で自滅していくぞ！

くだらん、つまらん、取るに足らん、阿呆な奴だ、馬鹿な奴だ、と否定的なる言霊《ことば》を発すれば、やがて言霊《ことば》は吾に返ってくる。ものも言いようで、その者がその気になり得るように言霊《ことば》を発せねばならぬが、人間は常に裁く心でものを言う。

あーだ、こーだ、あーせい、こうせい、ああしたか、こうしたか……と様々な言葉を使うが、これらは疑う心、咎める心、裁く心である。人間は人間を裁いてはならない。人間を裁くのは神の領域である。己が支配するものは何一つない。支配する者は必ず支配される。邪神邪霊に支配されて生きる人間であるからだ。支配する心は我欲が強い証拠であり、真実を潰すような言霊《ことば》を発し、御法度の心を起こさせるのである。そうではなく、一人一人の人間、その者を生かし、育てるごとくに言霊《ことば》を発せねばならない。人間は相手に対し常に裁く、疑う、咎める心で言葉を発するゆえに、言葉の念が力となり、念波となり、そこに御法度の心を引き起こす環境をつくり出すのである。

人間とはおかしなもので、心の中に溢れているものが必ず言葉となって出てくる。己の心の中に充満していること（うっ積している念）が必ずどこかでほとばしり出る。己の心に邪念があるからである。

人を殺すに刃物は要らぬ。言霊《ことば》の力で事が足りる。これは真理である。言霊《ことば》とは念である。念力である。恐ろしいものだ。毒の篭もった言葉を発せぬことだ。傷付ける言葉、突き刺す言葉、嫌みな言葉、常日頃思っている心のあり方が必ず言葉に乗って出てくるものである。邪念を持っているからだ。いっぱい思い詰め込んでいるもの、うっ積しているものは必ずどこかで出てくるのが言葉である。言いたいことを掃き出したからスーッと胸のつかえが取れたと思うのは一時的であって、言われた人がもし腹を立てたら、その返り念を受けることになる。

ゆえにお互いに相手の身になり、相手の立場になり、許す心になれば相通ずる善念が起こり、お互いの心を知ることになる。悪心を抱かず、己のまことの善念・愛念を発せよ。いかに包み隠そうとも言霊《ことば》によりて心の中は皆さらけ出るのである。ほとばしり出るのである。すべて現れる想念波動である。

今、様々なる現象において念波霊波の作用を学び、あらゆる念がことごとく万物万象、現象界に影響を与えていることを知り、いかに念波・霊波の作用が重大であるかに気付かねばならない。悪想念が悪念波・悪霊波を撒き散らしているのである。人間の複雑なる念、思考によりてあらゆるものが絡まりて、世の中騒然としているが、この原因は俺我俺我《おれが》の我《が》とよろしからぬ欲心である。人間誰もが知り得ぬところで、迷い、疑い、咎め、心配心を起こし、御法度の心を引き起こしているのが常である。心の向かうところに念の作用が働く。念の波動の作用である。
心洗いがなされていけば、己の善念が常にほとばしり出るようになる。これが他を生かすことである。他を生かすことによって己も生かされる相互関係にあるのである。己の邪念によりて他を殺すことはなくなる。他を尊重し、生かすことが、真の善念・愛念である。正義感だけでは善念・愛念とは言えない。感情による情けは善念・愛念ではない。

交通事故で一瞬に肉体の死を迎えた人間も、自殺者も、また、長い闘病で植物人間となって死を迎えた人間も、同じ肉体だけが死ぬのであって、生前の意識は消えない。ゆえに、この世に生を受け、死を迎えるまでの人生の意識は、あの世へ移行しても消えることなく持ち続けるのである。この意識こそが永遠に生き続ける自分自身の魂。肉体は人間皆、同じ姿・形をしている物質である。意識は一人一人の想念《おもい》であるから、一人一人違うのである。この意識は波動となって神界にも魔界にも通じ届くのである。

## 悪想念を撒き散らす邪神・邪霊

大気・水・地質・引力・気象条件などはすべて人間の生存に一瞬たりとも欠かすことのできないものであって、しかも人間には、これらのどれ一つも創り出すことができない。ということは、これらはすべて最初から無条件に大神様（宇宙を創造なされた神）から与えられているものである。しかも人間生活に最適な状態で、無制限に、そして無償で与えられ、人間を生かしている。これこそ大神様の大愛である。人間は愛の実践をしなければ幸せにはなれない。愛といっても自己中心の愛、偏愛、恋愛、情愛ではなく、利他一体感の博愛でなくてはならない。

感情的にお人好しの人は心の分裂を起こし、理性を失う。ゆえに感情を捨て、理念に生きよ。神の教えを守り、自らの心を洗い浄め、お互いに手をとり合い扶《たす》け合い、生きる愛の心に帰れ。

平成十四年十月三十一日付朝日新聞八ページ〜九ページ経済欄で「デフレ退治妙案なく」「リストラ加速必至」「大手銀行・不良債権処理に難題」「地方分権改革」など、暗いニュースばかりである。そして日朝拉致問題は本末転倒の結果を生じ、日本国中、情愛感情に侵されている。経済デフレは悪の限りを尽くしたバブル期にその原因をつくり出していたのである。経営失敗、外国投資の判断の失敗、誤破算をせず間違ったまま足し算を続けて帳尻を合わす誤魔化しを隠し通してきた結果が、チリも積もれば山となった負債である。銀行正常化に公的資産を投入したり、日朝正常化に多額の資金援助を急ぐのか。

世界中の闘争の原因は、もめごとを起こして憎しみ合うように画策する邪神邪霊たちが、人間を操り、善悪を織《お》り混《ま》ぜて長期に至らしめ、その間に人間が発する悪想念を世界中に撒き散らし、不可視の世界で邪神邪霊の暗躍は世界を駆け巡るのである。世界中の悪想念を集めたアメリカ高層ビルのテロ事件、世界中が熱狂した国際サッカー試合は、人間の精神波動を狂わし、邪神邪霊の波動にコントロールされたのであった。

あらゆる人間が、あらゆる環境の中で、あらゆる事件に関わって、脳波をコントロールされているのである。コントロールされる人間の多くは低級な波動であるため、邪神邪霊の波動と同波長である。波長の類似性であり、「類は類を呼ぶ」のである。特に肉食人間の精神波動は低く、動物的闘争心が秘められている。殺された動物たちの怨念の波動が人間に影響するわけだ。波動が低く粗雑になると、常に御法度の心を起こし、精神異常者多発の原因となり、社会の混乱を招く要因となっていく連鎖反応が現象化するのである。

宇宙の法則が働いて、必然的に起こるべくして起こるようになっている。原因が起こった時点で、結果は必ず現れる、という因果律の中で人間は生きている。この世の肉体人間もあの世の霊体人間も、この因果律から逸脱できない。ゆえに洗心第一、心洗いが日々の幸福の道なのである。

# 邪神・邪霊の告白

## 表には必ず裏がある。善と悪である。
## 光と暗闇、幸せと不幸、すべて必然的に起こるべくして起こる法則なり。

○邪神・邪霊の告白（吾ら、吾々と名乗っている）

優良星界に昇格するためには必ず人類が知らねばならない裏事《うらごと》があるわけだ。これが天則であり、宇宙の法則である。

たいていの者は吾らの光を神と思い、吾らに支配されコロリとだまされる。真に神の光と繋ぎ得る者はめったにおらぬが、吾らにつながる者として真理を学ぶことはできるぞ、ある一端をな。そのように吾々が光のある者を喰い潰していく。悪魔につながる者を正しき心に、正しきあり方に切り換えていく方法という目的の下に背後の霊団がお前たちを導いているのであるが、これが表裏一体、吾々もその背後にあって光の同時進行、闇の同時進行である。紙一重の境界にありながら、心洗わねばどのようなことになるかは先刻承知、まだまだ心洗いの修行が足りん。吾々は神と等しく真理もあらゆる法則も踏まえて光ある者を喰い潰すゆえに、吾々は絶対なのだ。吾々は汚い心、我欲の心に這入り込んで、操り、喰い潰すのだ。

「宇宙学」という名の下に驕り高ぶりの心を煽り、その汚き心に喰いついて乱してきたのだ。

世が乱れていくごとに真理はいたる所に溢れて、御利益あるごとにこれが真理と思う人間の浅はかさと弱さ、御利益信仰というものは地上からなかなか消えない。なぜかと言えば、人間がそれだけ我《が》と欲が強いからで、この我と欲が取れないために、吾々に操られる。吾々に操られるということは御利益を捨てることができないからだ。

先代田原澄がこの世に「宇宙学」というものを根付かせたる時より、このような誤った我欲の御利益信仰というものは根絶やしにされていかねばならなかったのであるが、いよいよ方向転換の時が来て世界中いたる所に御利益では世が救われないということが盛んに唱えられ出してきたために、悪魔の支配下である低級なる人間の我と欲に取り憑いて御利益を煽って金を煽って巻き上げる、そして心の中に喰いついて驕り高ぶりの心を出させる、こうして汚き世の中で、心洗いをなそうと思っても世の波動が乱れているために、すぐに悪魔の波動をキャッチしてしまうのである。ドンドンと世はこれから急転回をなしていくが、知る者は少ない。地上の天位転換によって神の働きが次々と展開なされて優良星界に昇格し、優良星界に導かれるための働きというものが日夜休まず行われているのである。その半面、悪魔もまた、それを阻止するために命懸けで邪魔しようとしているのも事実である。御法度の心を起こした瞬間に、一瞬の間に、悪魔は這入るため、世の中に悪魔の支配下でない者は一人としておらないのである。

　これからは人間の償いの世である。吾が身に起こることは皆、償いである。なぜか。今、吾が身に起きて償いをなしておかねば、優良星界に昇格していくのに、この地上に生き残れないからである。たとい、あの世に帰っても不良星界にまた降ろされるからである。今償いをなしておかねば、先々惨めであるからだ。こうやって悪魔は先の世に我欲を持たせていくために煽り立てるのである。これが真実である。

　人間、今、幸せであることも大事であるが、来世の幸せというものも大事である。人間は死ねばそれまでだと思っているから来世の幸せを考えないのである。来世の幸せを考え、今世で償いをさせてもらえることはありがたいことである。

　償いとは……己がつくり出した業《ごう》を除去するための苦しみを受けることによって償われるのである。ゆえに病気も償いのための苦しみである。一人一人業《ごう》が違うために苦しみ方も違うのである。あらゆる形で現れ、あらゆる姿で示されるのであるから、すべてにありがたいのである。苦しい時こそ己の業が償還されているものと、感謝の心を起こさねばならないのである。

執らわれを一切捨てることである。我欲を一切捨てることだ。いまだ見ぬ世界がやがてこの地上に展開するぞ。その時になって慌てふためいても、神はもう手を差し延べない。要するに、時が満ちて波動が高まるゆえにどうしようもない。だんだんと時は迫りゆき、月の運行も太陽の運行も、お前たちの心洗いを待ってはくれんよ。

先代田原澄のような聖者が現れなかったるは、いいか、人間は愛を説きながら愛をどうやって実践するかを知らぬ、まことの愛のあり方というものを実際身に付けておらぬために、その波動に似合うたる我と欲のために、吾々悪魔に魅入られて操られるのだ。人間というもの、我欲を捨てるために地上に降ろされているゆえに、このまま我欲のままに生きていっていいということは何一つないのだ。何もかもが神のなされるままであるということに逆らえなくなるのだー。

人にはすべて神の御心に添う魂がある。また、一面、悪魔に魅入られる魂がある。様々な一面を多様に持ち合わせているのが魂である。それゆえに、不断の心洗いが重要なのである（普段の心洗い）。

真理を己から求める者、止むなく求める者、求めざるを得ない者、追い立てられて求める者、いやおうなしに求める者、仕方なく求める者、様々である。その者の真理を求める心次第で真理を得る。我欲取れず己のことのみに執らわれる者、己の大切なものだけを守ろうとする愚かな者、己に関わること、益することのみに執らわれる愚かな者、早晩滅する時となった。

世に正しいと伝えられる真理多かれど、これを完全に鵜呑みにしてはならない。あらゆる角度から真理が万人に受け入れられるように、様々に伝えられようとしているのである。それゆえに、見聞を広め、様々な真理を己のものになしていくごとに、あらゆる角度から説かれていることを、あらゆる角度から見つめ、その中から己の魂に感応するところを己のものとなしていかねばならない。頭の中でいくら理解なしても、これが体験を通して身に付かねば、己の潜在意識には叩き込まれぬゆえに、それぞれに体験が与えられているのである。己の潜在意識に離れぬ悟りとなるために体験が必要であり、心洗いが日々の心掛けである。病気も心洗いができていないための体験で示されているのである。いかに己の思想を保てばそれぞれの心洗いを容易《たやす》くするか、これも修行である。それぞれがいかなる言動をなそうとも、天界においては心の中がすべてで、その心の記録が天の蔵に納められる。

◆　◆

洗心の重要性についてご理解いただけたものと思う。一切は必然的に起こるべくして起こるという法則があり、偶然はないということである。苦患多き今日ゆえに洗心第一である。

## 強大な宗教団体の魔手は、皇室にも及ぼうとしている

世界平和を祈り、人類を救うがごとく説教する宗教が林立していながら、人間も世の中も救われてはいない。悪化するばかりである。巨大化する宗教信者たちは、暗示にかけられ浄財奉納を強制されて、四苦八苦の生活をしている。信者家族は泣き寝入りで、どこへも訴えることができない。そして、そうした実態を知りながらも、宗教教団から逃れられないのである。逃げようとすれば幹部がやってきて、あの手この手でガンジガラメに縛るのである。

宗教ほど恐ろしい団体組織はないことを知らねばならない。ある宗教教団は、政治に関わって、自民党の内部を混乱させ、結果、多くの古参議員が退任させられ、弱体化させられた。

そのうえ、金と投票の権力にものを言わせ、その権力に屈する者を牛耳って御輿《みこし》に担《かつ》ぎ上げ、思いどおりに操る。担ぎ上げられた総理大臣たる者は、己の力ではなく、貰った力

で勢力を伸ばす。反対すれば即、権力をもって退任させる。

さらに、国民のためにではなく、己の権力を押し通し、税金の無駄遣いをしてまで解散選挙をさせる。そして、政治能力もないサラリーマンが議員になれるという、前代未聞の醜態も平然とやって涼しい顔をしているのである。いかに背後で操る権力が強大であるかがわかる。

この強力・強大な力は、今や宮内庁内にも蔓延している。

とりわけ、誰も気付かない策略のために苦しめられているのが、皇室御一家である。特に、国民のための皇室の心構えに欠けている自己愛の雅子妃が、背後の力に操られているのである。浩宮様の足を引っ張って行動させないのである。浩宮様のご任務の邪魔をしているのである。さらには、御一家の不和をもたらし、両陛下の御心を痛め、老化を早めているのである。

また、背後で操る権力は、学識者を使ってまだまだ先の女帝問題を表面化させ、雅子様の病気が長く続けば即位（皇后様）不可能になる問題を隠蔽しようとしていたのである。

しかし、皇室は神界の領域に位置するため、神々はお許しにはならず、秘かに秋篠宮御一家に皇室継承の任務をお与えになられたのである。

　このように、神々がお図らいになられたお喜び事に対しても、皇室御一家、皇族の方々を、国民は心からお喜び申しあげることができない。その元兇は、雅子妃への気遣いである。それがあるから、国民として一番めでたき祝事でありながら、声を大《だい》にして心から喜んであげられないのである。

　地球の中心は日本、日本の中心は皇室、皇室の平和が国民の心の平和につながる間柄にあることを、誰も知ろうとはしない。皇室の大御稜威《おおみいつ》の光は連綿と今日に続き、そこへ新しい光、「悠仁親王」の光が加えられ、大御稜威の光、弥《いや》増し栄える、このことが日本国を救うのである。皇室の憂える御心は、日本国・国民の憂えとなって連鎖なしていくのである。

　皇室御一家の御姿は、国民と同じ肉体の姿をしておられるが、御心（魂の霊格が神人である）は神人としての美しい御心を持ってお生まれになっておられる。何人《なんぴと》と言えども、ご皇室の問題について勝手に取り決めることはできないのであるが、にもかかわらず学識者は、己の霊格の低級さも知らずして、皇室云々《うんぬん》と自慢するのである。宮内庁に低級なる霊格の者が屯《たむろ》するゆえ、必要なき問題まで起こさせているのである。皇室のことは神界がすべてお図らいになられておられる。

昭和天皇は、「私の心が弱かったために云々《うんぬん》……」と申された。陛下の御心は優しく美しく、いつも国民のためを思っておられた。マッカーサー元帥に対しても、「私はどうなってもよい……国民を救っていただきたい」と願われたのである。

神界は、天皇陛下と国民を救うようお図らいになられた。マッカーサー元帥が天皇陛下と国民を救ったのではない。神々様がマッカーサー元帥の口《くち》を使ってそのように話をさせたのである。

このように、皇室は神国日本の象徴である。昭和天皇陛下昇天は、大きな節目を迎えることになり、それは、日本国経済のみならず、世界的にあらゆる面において変動が始まった。その変動とは、偉大なる平和の光、大御稜威の光、昭和天皇御魂《おんたましい》の光、この一つの光が消えたのであるから大変なことである。この光が消えたことをよいことに、一挙悪魔が暗躍し始めたのである。その悪魔とは、宗教を牛耳っている強力な悪魔である。日本国中の宗教の悪魔は富士の裾野に集結し、世界中の宗教の悪魔までが活動を開始し、宗教民族闘争からテロ活動に至るまで、宗教の関与する惨状が次々と起こってきたのである。サリン事件もその一つであった。

しかし、神界のお図らいにより、再び皇室に新しい大御稜威の光、秋篠宮家にご降臨遊ばされ、また大きな新しい節目を迎えることとなった。

次代の天皇を継承なされる浩宮様には、御両親の平成天皇両陛下をお助けして、兄弟仲良く、日本国のために、日本国民のために、雅子妃に注ぐ愛情の半分でもいいから向けていただきたいものである。現在の状態では、雅子妃は次代皇后様には迎えられないことになる。「私はどうなってもよい、国民を救ってください」と心の底から国民を愛してくださった昭和天皇陛下の御心こそ、皇室にふさわしい人格であられる。高級なる御魂であられる。低級なる魂の人間は皇室には向かないのである。浩宮様の御魂は高級であられるが、雅子妃一筋に注がれる愛の心では、高級から低級に格下げとなられる。一日も早く、浩宮様本来の使命の御心に目覚めていただくことを願い、その使命を果たしてくださることを心から願ってやまない。

今、地球を救うために、その働きを使命としてこの世に生《せい》を受けている多くの人間がいます。この人々に、今、この時に、目覚めていただきたいと思います。いかに使命を持ち、高級な魂の持ち主であっても、肉食をしている限り、魂は目覚めないのであります。殺生した肉を食することは愛の心がないからです。動物も人間と同じく、魂を持って生かされている生命体です。この世は、人間も動物も修行の場なのです。共に助け合う立場の愛を学ぶために生を受けているのです。その愛の心を持たないために、殺生し、その肉を食する行為は低級そのものです。因果応報が巡り巡って動物に食われる立場になるかもしれません。これが輪廻転生によって償う罪なのです。前生の生き様イコール今生の生き様となり、幸福を願いながらも、思いどおりにはいかないのが人生であります。ゆえに欲心が強くなるのです。

欲心が強くなると、霊格（魂）の波動の低下とともに、肉体の波動も低下し、生活習慣病という病魔に苦しむことになります。意志薄弱と言えるでしょう。肉食をやめ、我《が》を折り、欲を捨てる勇気と忍耐の自己確立ができれば、自然に魂は目覚め、神の光によってその使命に気付かされることでしょう。

# 第三章　苦しみからの解放

# 人類はいかにして救われるか

今や汚染されたる食べ物ありて、無闇矢鱈《むやみやたら》に摂り入れるべからず。肉体を健全に維持し、心洗いをさらになし、地上に御光を流入し、地上優良星界へと向かう足掛かりをつくり給え。宇宙学の大きな転機なり（優良星界人の暮らしが地球人類の未来像である）。

正義のために消滅せねばならぬ邪気あり。これ、悪念を抱いて叩き潰すは誤りなり。ここによからぬ作用ありて、まことの道より外れゆくものなり。

正義のために立ち向かわねばならぬは、不良星界の掟なり。立ち向かうに持つは、愛念なり。ここに必ず光生み出されんという信念なり。愛念はその信念とともに光となりて具象化し、辺りの波動を変え得るものなり。これがまことの信念なり。我欲を通すものでなく、愛を貫く信念なり。正義のために、まことの真理のために消滅していかねばならぬものあり。

闘争心にあらず、ともに相和す心なり。

人間の霊性を信じ、これを引き出すことを信念とせよ。善念を信ずれば善念が引き出され、悪心を抱けば悪心が引き出される。

不良星界であるゆえに、様々な三次元的なる制約あり。この制約の中で、宇宙の理《ことわり》を推し図りながら真理を学びゆくことになお努めていかねばならず、あらゆる矛盾を乗り越え、この三次元に沿うて似合うたごとくに学びが展開する。これが自然体である。

常の心、相和す心とは、善念を信じ、共にこれを育て合う思いである、相和す心である。

この不良星界において、今、正しきことを押し通すために様々に必要なことも多くありて、目指すは優良星界なれど、この場は不良星界なり。

次第次第に心洗いによりて波動高まるごとに、国の世の体制が移りゆくのである。この三次元社会が学びの場である。この学びの場を、心洗いによりて御光を流入し、次第次第に優良星界へとつないでいくための学徒の働きである。執《と》らわれなき心とはこのことである。

己自身の心の中に迷いがあり、矛盾があり、紐解《ひもと》けない絡まりたる思いがある。ここで一旦心を無にし、一切の執らわれを捨て、純粋なる心のままに神に愛される己を思えよ。一切の執らわれを捨て、素直な己に還れよ。神に祝福され世に喜ばれる存在である己に育つ心洗いに徹し、それぞれに最も相応《ふさわ》しき役目を果たすべし。

宇宙の真理は普遍的であり、まことの教えを知るごとにその優良星界へと向かう姿は美しく、神が望み願うものなり。なれど、三次元の汚濁極まり、なかなかこれ浸透なし得ず、心洗いの行《ぎょう》も、宇宙空間から押し寄せたる悪辣《あくらつ》なる者の波動によりて阻《はば》まれるものなり。

ありとあらゆる難病奇病この世に現れしことは、人類の想念意識がなかなか改まらず、次々と悪念を発し、我欲に走り、神の御存在を忘れ去りゆくために現れる神の示しなり。人類意識が神の御存在に目覚めるまでこの現象は収まらず、次々と難病奇病、医学の及ばぬ世界は続く。

人が心洗いによりて病いの元を断ち、神の光に満たされ、健全なる肉体と精神を養い育てていくべきであるが、今やこの世は汚濁の極まり、心洗い浸透せず、その教えを知る者も少なし。

神がこの世を推し図られ、神の御存在や、心洗いの行の大切なることを世に次々に示し、広めていかれるには、まだまだ時を要するものなり。

この世が優良星界へ向かいながら、その進展なかなか進み得ず、そこここにて様々なる問題が湧き起こるなり。この三次元の現象において、神が様々に示し執《と》り行われることあり。ここに医学をもちて肉体の維持を図るは、その者の心洗いの行、肉体を健全に保つに間に合わず、肉体は朽ち果ててゆくのみ。己の心の誤りを知るごとに、医学で及ばぬものも心洗いによりて完治し得ることとなる。

医学には限界ありて、薬物にも限界あり。肉体を維持するのは神の御光であるゆえ、心洗いをなす者には神の恵みあり、医学の恵みも届くものなり。何もかもが、あれもこれもとこだわるごとに膨れ上がる。そして御法度《ごはっと》の心を起こすなり。

何が病いを形成するか。念波霊波の作用であるから、うっ積も念波霊波の作用の変形で、これは必ず影響を及ぼし、病いの元となる。念波霊波の作用は、それを思う者も、その思いを受ける者も、同じように波動を受けて病いになる。これは大事なことなり。

◆　◆

今の世の中、どこもここも病い病い、不調不調となるのはなにゆえだろうか。

どこにもここにも無理がある。思いを押し殺すことを美徳とし、押し殺すことに慣れてしまって違和感がない、というのが問題だ。いい子、いい子ばかりの集まりで、破る者がいない。己の殻を破る者がいない。少しずつ歪んできたものが、だんだんとうっ積を増大させていき、それぞれの思いのままに世界をつくり出す。

心の誤りが、想念の誤りが、病いとなって現れるのである。これは、この地上に棲息する者万人に当てはまることであり、この法則から逃れて生きることは適《かな》わない。宇宙の法則は普遍的なものであるから、逃げも隠れもできない。

　この世が不良星界であるゆえに、真理はなかなか浸透し得ず、心洗いを阻《はば》む者も多いが、己にでき得る最大の努力をせねばならない。己を己自身が鍛え上げていく心構えを持たねばならない。ややもすれば易きに流れやすく、我欲が取れぬゆえに魔に入り込まれやすい。

　素直な心で神の御教えを実践していかねばならない。今、必要なのは愛念であり、下座の心である。驕《おご》り高ぶりの心を己で戒めねばならない。

　大切なことは、互いを敬い、育て合う愛念であり、下座の心である。我《が》を折り、互譲の麗しき心、競うことの愚かさを悟り、欲を捨てる心、善・悪を超越して、相手の身になって物事を考える下座の心こそ洗心である。まことの真理に目覚め、まことの姿に返るよう、それぞれが愛念を育て合う時である。

　神の光は愛である。神と愛である。光の連帯意識とは愛念の連帯意識である。互いが慈しみ育て合う、互いを尊重し合う愛念である。

　過不足なき愛念である。共に宇宙学を学ぶ同志である。心一つに合わせる時である。

　それぞれの我欲が取り去られるまで、体験と学びが続くのである。その者の魂が揺り動かされ、目覚めるまで続くのである。正と邪が常に背中合わせであるゆえに、愛念と下座の心を欠けば、同じことの繰り返しである。

それぞれに思うところあり、我《が》あり、欲あり、それぞれに異なり、それぞれに現れ方も違い、その者の業や因縁によりて変わりゆく。己に関わるすべてに下座の心が必要である。地位や名誉や金ではなく、知識や学問や年齢ではない、あらゆることを越えた一つの魂である。

まことの信念とは、いかなる状況にあっても、己がどうあらねばならぬかを堅持することである。執らわれのない心、不動心があれば、かかる念は打ち破られる。愛念と下座の心を忘れてはならず、これを忘れると必ず魔に入り込まれるだろう。己が何たる者かを知れば、次第に頭も垂れてくるというものである。

この不良星界において、まことに覚者たるは稀である。しかも、覚者であるからといって常に完全ではない。この不良星界の様々な念波霊波の作用を受けるからである。受ければ修正していくのは当然のこと、まことの心洗いがなされねばならない。

常に真理の中に相反するもう一つの真理があり、この世は不良星界なるがゆえに、優良星界の波動はなかなか確立し得ず、あらゆるところにそれぞれに応じた手直しがなされていく。

この世に説かれた真理は普遍的なものであり、それらは一切曲げることはできない。ゆえに、臨機応変に柔軟に思考しなければならない。不良星界の三次元においては、自分が最も心洗いしやすい環境づくりを、自分の手でなしていくことである。つくり上げていくのは己の心である。心を洗って自己確立なさねばならない。

地球学における栄養学は、様々に誤りがあるが、吾が肉体を健全に健やかに維持することも、神の恵みとして感謝の心と共に正しく取り入れることが肝要である。己の肉体波動が崩れたときは、習い覚えた多くの真理を生かし、常に吾が肉体を神の神殿として、吾が精神と意識を神の意向に沿ったものとして維持することに努めねばならない。

副産物である牛乳や卵も、時に応じて取り入れてもよいが、なし崩しになる傾向がある。生き物の命を絶って取り出したものは、あまりよろしくない。命を絶ったものの思いがあるからで、そのため霊波念波の作用を受け、心と肉体のバランスが崩れてゆく。

この世に一切無駄はないと言いながら、法則が働き、因果が働き、幸・不幸が訪れる。この世に一切無駄はないと言いながら、無駄であったと思うことも多い。あらゆる体験が無駄に終わらぬために、最善の努力を払い、努力されたい。真理は真理、理想は理想、現実は現実。素直な心、正しい己の信念、感情に支配されない強さと明るさ、執らわれのない無の心で情を捨てることが大事である。

今の子どもたちは親の情の中で動いている。ゆえに、親の苦労もわからず、感謝の心さえ持たない。見栄と虚栄の親たち、競争意識のみを教育する学校、金儲けだけが先行する物質社会。エゴの固まりである。

人類の意識転換を図らねば、地上が優良星界にならない。地球上の霊界を消滅させていくことが、優良星界への橋渡しであるという。ならば、まず人類意識を洗っていかねば、霊界も意識を洗っていかねば、霊界に住む者も現界に住む者も、心洗いができぬということになる。

今、最も重要なことは、意識の方向転換であろう。今多くの人間が抱えている最も大きな因は、己を正当化できない、認めてもらえない、悩みを知ってくれない等、自己中心の呵責《かしゃく》の念であろう。そのために苦しむ者、喘ぐ者があったとしても、それはその者の意識が低いゆえである。すなわち己のせいである。苦しむ者、足掻く者、嘆く者、うっ積を抱えている者も同じく、同じ次元において同波長にて憂《うれ》いているのが今の姿である。

真理に基づいて生きる者と、真理を理解できずに背く者とがあり、背く者に苦しみがあるのは当然のことである。己が発した念で苦しんでいるのである。当然、それはその者の意識の低さであり、その者の我欲である。

意識を転換せねばならない。苦しむ者は、当然、己の誤りによって苦しんでいるのである。病いに伏しているのである。障《さわ》りを受けているのである。悪念を発する者も多く、その者たちは前途多難で、さらに足掻かねばならぬであろう。


法則がこの世に空気のごとく存在しているのである。この世の万物万象が神の意識体である。神の意識体の中でそれぞれが魂の進化をなしているのである。真理を悟り得ず、我欲のままに生きる者は、当然苦しみの中に留まるしかないであろう。

心を洗うことが基本であり、己の波動、心の調整を図ることが先決であろう。

己を棚上げにして、周りにその答えを得んとするのは我欲である。人間の我欲をうまく利用する者に振り回されてはならない。心洗いに徹するのみである。真理はまさに単純であり、複雑化なしているのはそれぞれの我欲のためである。

逸《はや》る心、焦る心で魔を引き込んではならない。すべては心洗いをなすことにより解決していくのである。俺我俺我の我を折り、誤った欲を出してはならない。己が変われば環境がそれとともに変わりゆくのである。

これを信念となし、真の心洗いを身に付けられよ。次々と世は移りゆく。次々と事態は変じる。やがて、人は皆、なぜこの世に生きているかを思うようになるであろう。悪は退けられ、善が生まれ育ち、人類の意識が次々と大きなうねりとともに転換されていくであろう。それでなくては、地上は輝く未来を迎えることができないからである。このことを克《よ》く心に刻み込み、宇宙学を学ぶ者としてあるべき己の姿を見失ってはならない。学ぶ者と学ばぬ者とは、落差甚だしく、次々と異変が起こるであろう。

吾が心を開いて神に懺悔なす者に、悔い改める者に、改心なす者に、すべては許されるのである。恩恵が与えられるのである。

真理が次々とこの世に示され、述べ伝えられていくごとに、それに賛同する者が増え、人は魂の尊厳を知るのである。神の御心に添うて降ろされた、天の奉仕者である。心洗いによって、宇宙学の奇跡はこれより始まるだろう。真理はいついかなる時にも単純明快である。願わずとも、祈らずとも、心素直に洗う時、神の御手は差し延べられ、いかようにも救い給う。

## 己の自由意志により己が選択なすことが答えである

答えは見えている。答えを求めるのではなく答えは見えている。

神が人間の心の自由性を重んじることがわかれば、己が何をなそうかということが答えである。神は人に、こうせよ、ああせよ、とは申されない。己が選択して己が自由意志により、選択してなす事が答えである。善き事であるか、悪しき事であるか、その過程において己が感知なす。良きにつけ悪しきにつけ、必ず己に返ってくる。それが善き実を結ぶものであれば背後の働きがなされ、いよいよ増して進展なす。これが神の御心に適わぬことであれば滞《とどこお》る。滞って沈滞なす。その行程において、どのような結果が生み出されるかが答えである。

心に思うことが理にかなったことであり、人のために役立つこと、ひいては己の役に立つこと、己の学びにつながること、己の魂の喜びにつながること、己がなしたることがすべて己に返るのであるから、まずなしてみよ。

頭の中で理解なしたことを反復なす、体験なす、反復なして体験なす、そうして次第次第に身に付く、思考せずとも自然に行えるようになる、これが悟りである。身に付くのである。己を捨て、まず他のために心を砕くこと、これが己を生かすこと。己を生かすために他に心を砕くのではない。自然に現れる結果である。善き結果を求めて事をなしてはならない。答えはもう見えている。特別なところから探し出す必要はない。日々の己の心が、心洗いをなし、神の御心に沿うものであれば正しき答えが見えてくる。決してあせよ、こうせよ、とは申されない。まず心の中に湧き上がる思い、これに従うべきである。すべてが学びである。すべては己から発して己に返るものである。いかなる結果が現れようとも、己の自由性に基づいて現れたることであるゆえ、責任は己自身にある。決して御法度の心を起こす元になってはならない。他の者のせいにしてはならない。すべては己から発して己に返り来るものである。ならば善念を発し、愛念を発し、善行を行い、愛を尽くせよ。人の心は目に見えているものがすべてではないゆえに、大愛と情けを踏み違えてはならない。

大愛と情けについて、人間は勘違いしているのである。大愛は精神世界に通じるもので、情けは物質世界に通用するものである。大愛とは、魂を目覚めさせるための厳しさであり、情けとは肉体人間の関わり合いに対しての優しさである。

物質文明社会は情けの洪水に流されている姿である。何かに頼り、縋り、同情を得るという依存性人間が多い。

宗教は情けの集団である。教育は親の情けの見栄である。医学は情け容赦もなく薬漬けである。臓器提供問題についても、他のせいであるかのように同情を買って資金募集をし、その資金で外国での手術を受ける親は子に対する情愛にすぎず、その子がこのような病気を持って生まれてきた原因を知ったならば、親も子もともにその苦患を乗り越えて生きることこそ真の大愛であり、その労苦は先々に報われるという法則である。

エイズ患者は製薬会社に頭を下げさせ、訴訟で多額の金銭を受け取り解決したが、病気になった原因は己にあるならば、他のせいではなく、己の責任でエイズと戦うべきである。同情という情けには必ず金《かね》がつきまとうものである。

心にもない薄情け、要らぬ情けは仇《あだ》情けとなる。

難民の救済も北朝鮮の支援も仇情けとなってしまう。銀行支援も結局無駄遣いであって、銀行を甘やかしただけにすぎない。日本国は日本人を救済し、底辺の救済に努めよ。宗教も教育も医学も、世の中のすべてが金次第である。金は情けのために使うもの……とは情けない選択意志である。

## 過去から現在に至る概念（自我）を捨てること

およそ世間の常識というものは、皆、己の都合のいいように出来上がったもので、どれもこれも無駄なことが多いものである。これは、こうなければならないという考えの凝り固まった者ほど、たいそう頑固なもので、己が知らないうちに頑固な病いを抱え込むものである。何遍聴いても同じことの繰り返しである。己の考えがなかなか崩せない者が多すぎる。これはこうあるもんだと思い込んだらテコでもそれを変えない者が多すぎる。これが我《が》である。おれ我《が》、わたし我《が》の我《が》である。自我である。

いいや、年を取ると頑固になる頑固おやじはこれだ。年を取るごとに頭が固くなってくるのはこの概念である。いつもその場に応じて、相応《ふさわ》しい状況の判断ができなくなるのである。この概念によってできなくなる。概念を打ち壊さねば新しい発想が起こらない。今一番に必要なものは何かを考えるのである。どうしたら今、うまくいくかを考えるのである。これは昔からこうだから、こうなければならないという固い考えの者が多すぎるのである。

これでは、なかなか一緒に馴染めず、ここから先はなかなか進まなくなる。一つ事をなすにもあらゆる方法がある。あらゆる方法を考えればよいのである。これはこうあるべきだと凝り固まるから我《が》になるのである。そういう者が多すぎる。その場の状況に合わせた判断をするのが宇宙学を学ぶ仲間である。世間に縛られた概念は捨てるべきである。これが本当の心の自由である。常に柔軟なる頭が、神の光を受け入れるのである。宇宙の法則にうまく乗って生きていくには、概念を捨てることである。それよりも法則を知って、一つでも悟るほうが賢いと言えるのである。これまで長い間にわたって人類に植え付けられた概念というものは、「吾ら」がつくり上げるものである(「吾ら」とは、人間の心を操る邪神邪霊のことで、人間誰でも自分ともう一人の自分、または複数の自分が同居しているのである)。

これが打ち壊せないから宇宙学がわからないのである。浸透しないのである。神の光を遮るからである。これは万人に言えることである。誰も彼もが大きな過ちを犯すのである。こんなことを言っても誰が信じてくれるだろうか。思い込んでいる過去の意識を払拭し意識の転換を図り、新しい自分を創り出す自己確立こそ未来の姿を生み出すのである。

宗教に凝り固まった人は、その教えが間違っていても正しいと盲信するため、他人の言葉に耳を傾けようとしない。そのため協調性を失い、頑固に自分の言い分を通し、心を暗く閉ざし教団にのめり込む。理性を失い心を開かぬために、先にも後にも大きな過ちを犯すことになる。己の心の誤りを悟り素直に反省せよ。

○良寛上人の六然観
超然《ちょうぜん》として天に任せ　（物事に執せずあるがまま暮らし）
悠然《ゆうぜん》として道を楽しむ　（ゆったりと真理を楽しむ）
厳然《げんぜん》として自《みずから》を慎《つつし》み　（厳しく自《みずか》らをつつしみ）
靄然《あいぜん》として人に接す　（ものやわらかく人に接する）
毅然《きぜん》として節を持《じ》し　（物事に動ぜず節制を保つ）
泰然《たいぜん》として難に処す　（落ち着いて諸難に対処する）

○良寛上人の歌
生涯　身を立つるに懶《ものう》く　（出世しようなどと思わず）
騰々《とうとう》　天心《てんしん》に任《まか》す　（すべてを天の御心《みこころ》に任《まか》す）
嚢中《のうちゅう》　三升の米　（物を貯《たくわ》えようなどと思わず）
炉辺《ろへん》　一束《いっそく》の薪《まき》　（質素な暮らしに甘《あま》んじて）

**誰《たれ》か問《と》わん迷悟の跡《あと》（仏道も捨てて）**
**何ぞ知らん名利《めいり》の塵《ちり》（俗塵《ぞくじん》にまみれることなく）**
**夜雨《やう》草庵《そうあん》の裡《り》（閑《かん》とした住《すま》いの中で）**
**双脚《そうきゃく》等間《とうかん》に伸ばす（一人無礙《むげ》の境地を味わう）**

己が身を低く持することの重要性を知り、自己完成は自己満足の最《さい》たる境地にして、無欲にて大悟なしたる良寛をこそ見習うべし。優良星界人の暮らしをこそ見習うべし。

## 苦しい時こそ感謝せよ（カルマの表出の姿・形なり）

苦しい時こそ感謝せよ。

苦しみも喜びである。

己に与えられる償いの姿である。


苦しい時こそ神の恵みである。苦しい時こそ叡智を授けられているのである。己に与えられることを感謝で受けよと神は申す。崩れいくものの中から育つものがある。新しきものが生まれるには崩壊がある。すなわち苦しみも喜びである。波動が変わる。受ける念が変わる（受ける念とは……霊界から来る念を霊波と言い、生きている人間から来る念を念波と言い、災いの元の波動である）。

己が変わる（受ける念を洗心によって阻止すると自分の本当の姿に戻る）。

肉体が変わる（肉食をやめると動物の恨みの波動を受けなくなるので肉体細胞が浄まり

健康に変化していくのである。体験者は語り伝えよ）。

常に正しき己を確立なし、宇宙学の根本より離れてはならない（宇宙学の根本とは……宇宙創造神の御教えを守り生きる心・信念）。

生きている人間の一人一人が意識高まりて光満たされていけば、救いを求めてくる霊波（霊界から送られてくる怨念などの波動・霊障）、念波（生きている人間が発する思いの波動……憎しみ、嫉《ねた》み、猜《そね》み、羨《うらや》み等の競争心、見栄などによる疑い、咎《とが》め、腹立ちなどの感情的意識）も人間の肉体に取り憑くことなく、次第次第に浄化されて天に還っていくことになるのである。

一人一人が洗心によって意識を高め、己の波動高まりいくことによって霊波念波の霊波動を受けることもなくなり、もし受けても善意識・愛念によって悪波動を正波に変え浄化させることができる。この浄化は霊界浄化となり、また先祖供養となっていく。まずは洗心第一、己の浄化第一なり。

地球は不良星界なるがゆえに、うまく真理が絡み合って連動する。一つ引っ張る力が強いと、それに続いて皆電動式に動き出す。

善波動が動けばすべてよくなっていく。しかし、人間には欲心があるため、悪波動とどこかで絡み合う点と線が生じてくる。悪には欲が絡んで力が強いため、念の力も強く、引っ張る力も強くなる。欲心を煽るその力を邪神邪霊・悪魔の力とも知らず、欲のために皆だまされる。欲のために騙す者と、欲のためにだまされる者とが絡み合って悪業が成功し、強力・巨大化する。

地球は不良星界であるから、それゆえに欲が深い。優良星界人は欲心がなく、すべて奉仕の社会であり幸福である。

神は、その欲のために引っ張られることなく、それぞれに自己確立をなせよ、と申される。ゆえに、善と悪を織りまぜた言葉や文字によって人間の思考・感情を利用する悪辣なる宣伝・情報・美辞麗句・甘言などに惑わされてはならない。マザコンであってはならない。自分の意志力で自分を自分で鍛え変えていかねばならない。

世間一般の意識波動に連動されないように、判断を誤った一つに流されぬように、信じ込まされた一つのものに括《くく》られぬように、善・悪を正しく見極め、判断し、自己を確立せよ。己を信じ、あらゆる方面において適用される自己確立をせよと神は申される。

かつては、金さえ出せば幸福が買えると自己満足している人間の心を利用する悪徳商人が世に氾濫した時代があった。また、満たされない心の隙間に食い入って、金さえ出せば救われると欲を煽る商売の一つに、宗教の浄霊供養があったり、霊能者の浄霊法などがあるが、ブームの波に乗せられると必ず沈むものである。金力と欲心の波動は悪魔の波動であるから、その悪波動に巻き込まれ、その念波と霊波を引き込むことになり、決して救われることはないと断言する。

物質文明の三次元レベルから抜け出せずに、宇宙の法則や天則に従わず、適《かな》わぬゆえに、また守らぬゆえに、低い意識の欲に憑いてきて肉体に憑いて苦しめるのが霊波・念波であるから、他力本願で祓い除けることは不可能である（いかなる手段も不可能）。

霊波は魂でキャッチし、念波は肉体でキャッチするのである。霊波を肉体の五感でキャッチすることは難しい（波動の相違）。

念波は思考であるから、お互いに態度や言葉に出す波動であるから、五感内でキャッチすることができる。いじめる者、いじめられる者の波動である。感情の波動である（御法度の心）。

因果応報という宇宙の法則・天則によって己に与えられる苦しみであるから避けて通れない道である（カルマの法則）。

避けられない道は、己が転生ごとに積み重ねてきた己の業《ごう》の苦しみであるから、通らねばならない道である。己の業の除去のために己に与えられた苦しみであるから、感謝で受けよ。感謝で乗り切れよと神は申されるのである。

自分の力で乗り切った時、その業《ごう》は除去され、重く苦しく背負っていた業《ごう》・カルマから救われることになり、避けられない道を見事通り抜けたことになる。だからと言って新しく業《ごう》をつくり出して背負うことのなきように洗心に励む以外にない日々である。

己自身を信じていないから他人の言う情報に流され迷わされ苦しむのである。これ業《ごう》の身に付いた波動の所為《せい》でもある。強く正しく明るく、守護神・守護霊に守られている自分を信じ、自分の判断で答えを出し、その答えが正しいか悪いかに執らわれず決断する時、その結果は必ず判断に応じて現れる。その結果により己の判断の善《よし》・悪《あ》しが決まるのである。この積み重ねが体験であり、体験によって己を向上させていくことになる。

心配心《こころ》は、心配の波動が働いて心配していたとおりに現れるのである。想念の世界であり、波動の世界であり、肉眼で見ることのできない世界こそ心の世界・魂の存在と宇宙の関係である。

宇宙の真理に沿って吾が道を往く信念と勇気と自己確立である。森羅万象ことごとく大神様の大愛の波動の変化なることを悟って感謝の生活をなせ。他人と喜びを共にせよ。相和せよ。神の申すところに従って生きる時こそすべてはうまく取り図られるように波動の流れが働くのである。信じることである。信じる心が大切である。人間を信じても、神に生かされている同じ人間である。ゆえに同じ人間を信じても善《よ》くはならず、欲《よく》ばかりに苦しめられるがごとし。人間を意識するのではなく、常に神の存在を意識せよ。森羅万象ことごとく神の化身であるゆえに、すべてに神の波動が働いているのである。

不良星界に住む不良星界人である地球人は、皆同じ低級な波動を持ち合わせている人間である。低級な人間の意識に同化し、意志薄弱なるがゆえに流されるのである。この人間意識とは、皆同じように、我《が》の強い欲の深い御法度の心を丸出しにする人間であるということになる。ゆえに人間に上下の差別なく、同レベル・同波長の人間にすぎない。ゆえに職業においても優劣もなく平等に生かされている人間同士である。

では、どうして同じ人間でありながら、ある者は地位や名誉を得られ金持《かねも》ちで持つ物はすべて高級なのかと問うであろう。うらやましい限りである。あこがれの的《まと》である。幸福を願う人間の心理でもある。

人間の欲心を煽り、その背後で操り人形のように自由自在に操り出世させるのが邪神邪霊である。それぞれ役割があり、科学者には科学担当霊団が関《かか》わり、宗教には宗教の担当霊団が活躍し、医学に医学担当、教育者に、政治屋、癒着している銀行関係、これらのすべては邪神邪霊と同化し生きている姿である。酒と女と金に溺れる歓楽街も邪神邪霊が好んで集まる場所であり、その一方で精神世界の指導者にも邪神邪霊はつきものである。幻想の世界へ誘う絶好の場である。

これらの人間の境遇は姿・形だけのものであって、宇宙の法則に反している人間として魂の進化が停止している状態である。魂の進化が遅れ、未来は罪の償いのために不幸が約束されているのである。我欲のために己自身で道を踏み誤るのである。踏み誤った人間でも心改め、我欲（地位・名誉）を捨てるならば邪神邪霊も離れていき、静心の人間に立ち返ることができる。神の存在に気付き、感謝の心になる時、魂の目覚めがある。資本主義が崩壊し、地位も名誉も権力も地球上から消えていく時、質素倹約を旨《むね》とし、皆仲良く相和して感謝の生活が本当の幸福であることに気付くだろう。

人間は自分中心に上ばかり見て比較して不幸だと思い込んで、御法度の心を起こしているのである。自分より下をよく見れば、自分より不幸な人間は大勢いることに気付くはずだ。

我欲に生きるもよし、清貧に生きるもよし、永遠に生き続ける魂のために、どちらの生き方を選択するかは自由意志。しかし、神はどちらの生き方を望まれるだろうか。今、地球が悪魔の暗躍により核炸裂に至るか、核炸裂が阻止されても地球が流星となって宇宙間に彷徨する惨事に至るか、今後の人間の洗心にかかっていると神は申される。

地球浄化のために、地球人類浄化のために、太陽から高次元波動が徐々に徐々に高められ、波動の修正がなされている。肉眼で見ることのできない異変が宇宙の法則どおり進行しており、地球学の誤謬《ごびゅう》が今明らかに示されている。宇宙の法則を曲げてまで救うことはできぬゆえ、法則を守り生きよ、洗心をせよ、我欲を捨てよ、実践あるのみ、時間は残されていない、今が正念場である、と厳しい決断と自覚を促されている。「他を生かす者は生かされん」という大法則の下に自他一体感の愛の心を発揮せよ、と神は申される。他人の魂を自覚させるために洗心を知らせよ、己の魂が救われるぞ。一人一人のご賢察を願う次第である。

## 立場を越え、職業を越え、宗派を越え、一人の人間として生きる道を決めねばならない

宇宙の法則・秩序によって自然界も人間界も動物界も、天の恵み、地の恵みに護《まも》られて生かされている。

今までの地球学意識では生き残ることはできず、科学万能の失敗と物質文明の誤りがこれから世界中で示される刻《とき》となり、バブルの崩壊はその第一証拠である。物質文明は金《かね》・金・金が飛び交い舞い踊った利己主義、資本主義社会であったがために、バブルの崩壊とともに金《かね》の権力の時代は終焉を迎えたのである。美辞麗句に酔っていたリーダーの育たない、猫も杓子もの時代は終わりを告げた。

贅沢三昧の驕《おご》りのツケが廻ってきた厳しい生活苦の時代が迫りくる。そして、分相応を忘れ不徳の文明の中で遊んだその罪状の償いの苦痛は必然的に与えられるであろう。己に相応《ふさわ》しき境遇は己に相応しき姿となって示される。様々なる苦しみは「試練をもって鍛え

ねばならぬ」と申される神の愛の鞭でもある。無知なる人間を目覚めさせるための愛の鞭である。さらに神は「苦しい時こそ感謝せよ」と申される。嘘、偽り、見栄の偽善者から真実に立ち返りたいと思う者は、救われたい必死の思いで道を探し求めるであろう。情報に流されて道を踏み誤り、元の偽善者に逆戻りする人間も多い。依存型人間は他力に頼り縋《すが》ろうとして苦しみを増大させる状況をつくってしまうケースも多い。

社会の混乱は冷酷な人間の心を育ててしまう結果を招く。時代の流れが名利を捨てない限り生き残れない容赦なき時代に突入した今、救われの道を多くの人が暗中模索の段階で、何をしてよいかわからない。お先真っ暗の中を手さぐりで歩こうとして頭を打ちつけて気付き目覚める繰り返しであろう。利益を得る時代ではない。動けば動くほど損をする経営、働けど働けど暮らし楽にならずの労働者。この時代に生き残れる唯一の貫道、「心を洗う」者のみを神は救い給うと申される。天に向かって己の罪状を懺悔し、素直な心に立ち返り、皆仲良く相和して感謝し合う心を神が見給いて、救いの愛の御手を差し延べてくださるのである。善悪の基準は定かでないゆえに、神が宇宙の法則に照らし決めるのである。

## 病気は本人の業と因縁によって起こる

古きことに執《と》らわれるな。過ぎしことに左右されるな。因も業《ごう》も引き継いでいるのは心の誤りを正せぬから、己の間違いがどこにあるか知り得ぬから。今も引きずる業あらば己の心の誤りの一部である。堂々と思い知ることになった。長い間に発したる悪念の残留なしたるもの、肉体に留《とど》まるにわけあり。あらゆる因を引き寄せたりて出てきたる。正しくものを見ることのできぬうちは、己の心の執らわれをまず捨てることである。己が持ち越してきたる因果が執らわれの心を起こす。すべては己が生きていくために、己がどのように生きていくかのために示されていることである。

いかなることに執らわれて己を見失うか……。あらゆることのまことは必ず善なる意識に繋《つな》がっているゆえ、まことに繋ぎたければ善なる心に切り換えられよ。

因も業《ごう》も吹き出さずして光を戴くことは可能であるが、心洗いのできぬままに長い間に積もり積もりたる心の垢が形となって現れし姿、そうして今、己の心の執らわれを捨てたれば己に留まりたる悪の幾分かは消え去っていくであろう。どこに光がありて己のために溢れようや。まずは神の光の波長に合わすことが先である。

神すなわち愛念であるゆえ、己が愛念に満たされることが大事である。人は己を愛念で包み込むことを誤って己の我《が》と欲を発する。そうではなくて、まず愛念を己に関わる者に発せよ。己が発したる愛念は、やがて必ず己に戻ってくるのである。そうして愛念は光であるから、己自身が光に満たされ、己が真《しん》からまことに幸福に変わっていくのである。己がまことの幸福の価値を、どこに置くかであるが、何もかもが己のものになそうとするのは欲である。最も己に相応《ふさわ》しきことが与えられるのであるから、いかなる状況下にありても、御法度の心を起こさず、感謝の心に切り換えていくように己を訓練していかなければならない。

修行とはまず心の訓練である。どのような意識を己が維持していくかの訓練である。これまで誤りたる意識であったために、これまで誤りたる想念を発してきたるために、これを軌道修正なせよ……というので、病いという形をとってお示しになられたる神の大愛である。愛念を発することによりて己が救われていくのである。はじめはなかなかこれを己のものになすことができず、うまく念じることできないのであるが、うまくやろうとこだわることはなく、ただただ己の環境すべてに対して感謝の念を起こし、己の周囲に愛念を起こすことで自然に身に付いていく。力《りき》むことはなく、あるがまま、与えられたるがまま、という執らわれを捨てた心境である。人間の業や因縁がいかなるものであろうとも、己が心を洗うことを怠らずに真理を知っていくことにより、自ずと解消されてゆき、因果が消滅するために現れてこようとも、これは軽減なされていくのである。病い……という示しを戴いたということは、これまでの己にどこか誤りがあったためであるから、悪念を発せず、善念に切り換え、己が想念を転換させていくことである。常の心で暮らし、御法度の心を起こさないよう、己が想念・意識を切り換えること肝要なり。

宇宙の法則には「己より発したるもの己に還帰なすが天則なり」という究極の真理がある。また、愛の実践として「他を生かす者は生かされん」という利他愛の真理がある。愛念を発すれば愛念を受けるという愛の法則である。他人の幸福を願うことが先決である。自他一体感である。

また、霊波（死霊の波動）と念波（人間が発する波動）という悪念（悪想念）と執着心との関わり（因縁因果律）などを理解し、宇宙の法則の寸分の狂いもなく巡り巡る転生の因果律を知らねばならない。また、業《ごう》の発生と業《ごう》の消滅の修行のいかなるかを深く知らなければ明るい未来は来ないだろう。

他人を愛することなく、憎しみ嫉《ねた》み猜《そね》み羨み疑い咎《とが》め等の悪念を持ち続けていると、自ずから悪霊を呼び込み、呼び寄せて病いをつくり出しているのである。呼び寄せる波動をキャッチして悪霊が寄ってくるのである。人間は類似性波動という波動の世界で生きている。邪《よこしま》な心、邪な気持ちを改め、己自身に対して強く、善悪を超越して正しく、笑顔を持って明るく、他人に対しては互譲の麗しき心で接し、自己愛ではなく、自他愛の心、差別なく愛する心を持つならば、悪心から呼び寄せ、引き寄せていた悪霊・邪気の念波・霊波は離れていくのである。さすれば病いは自然に消滅し、明るく開かれていくものである。

病気は本人の業《ごう》（悪念・悪行）や因縁（前生から引きずっている憎しみ嫉み猜み羨み咎めなどの執着心、固執などの因果律）によって起こっていることを知ったならば、先端技術を誇る医学でも治らないことに気付くはずである。これに気付き、そのうえで自然の摂理によって人間には治癒力が備わっていることを知らなければならない。肉体は光によって維持されているということである。万象を仕組み、万象を生み、万象を育て給うのは光である。光は愛である。わけへだてなく、えこひいきなく、平等に与えられている光である。一切現象の根源は光である。光は愛である。宇宙創造大神様の御存在は無限の光の波動を発し、無限の大愛を発し、無限の叡智を発し、自然界も人間界も生かされているのである。生かされている感謝を忘れた時、不幸が起こるのである。邪神邪霊・悪魔悪霊等は神の光を嫌いて闇の世界に屯《たむろ》するのである。ゆえに暗き所を好んで住み憑くのである。暗き心（御法度の心）に住み憑くもの、考えの暗き頭に住み憑いてその人間の思考を操るもの、暗き汚き所を選んで住み憑くもの、腸内で発生するガスを吸って生きているのが邪神邪霊でもある。肉食を好み腸内で腐敗させ、ガン細胞をつくるのも、汚き心の者の作用である。心の作用によって起こる波動に左右されるのが邪神邪霊であり、悪魔悪霊の類であるから、すべて己自身に責任があるということになる。その責任から逃れることのできない因果応報という厳しい掟・宇宙の法則が正確に心の作用のままに作動するのである。ゆえに心を改め、心を洗えと神が申される。業《ごう》を洗い浄めること肝要なりと。

# 心を開き交流を図れよ

**人間に上・下なく、職業に優劣なく、**
**魂は同じ目的地に向かって進化する道程の修行の姿である。**

今なおバブル期のしがらみに執られている人間関係は、地位・名誉・金銭という利害関係が絡んで競争的存在に発展する場合もあれば、煩わしい存在の場合もある。しかし、宇宙学で言う交流とは、上・下、優劣ではなく、互いにその思い、その思うところが伝わり合うことである。

歌うがごとくさえずる鳥、何を思うてかただささえずる鳥、その心は定かでない、その思いが定かでない、さえずりはその心の波動、波動によりてその思いを知らせ、感じ、汲み取るのである。

語られる言葉、それに執られず、その真の意味を波動によりて汲み取る。心の内の言葉に表せない思いを感知する（心に思うた思いが波動となって言葉に表れるのである）。

汚き言葉であれど、美しき言葉であれど、何を語っているかに執らわれず、思いはどうであるのか……を感知する。さらには、どうあるのか……ではなく、波動を感知する。この心が常の心なり。言葉とは思いを伝えるに充分ではない。そうすれば力《りき》まずとも相和せる。相和す心を育てるために言葉を使う。限られた言葉を使う。言葉に言い尽くせない心は波動で感じる。それが常の心なり（互譲の心、競うことの愚かさを知る心）。

人と人とがこの常の心を保ち接する時、相和すことができる。表面上の言葉のみに執らわれず、相手の心、思いを汲み取る。この思いやりの心が相和す心である。常の心である。

人と人とのつながりは、このようなわずかな思いやりの積み重ねにより育てられていく。心に思うことを限られた言葉にて表そうとする時に思いが言葉に乗る。こうして人と人とが接するごとに、そこには和が生まれ、愛が生まれ、進化のために互いが役に立とうと思いが育つ。人と人との交わりがよき方向へ導かれるように心構えを説くべきである。

光の連帯意識は、相手を思いやる言葉の奥に隠された思いを汲み取る小さな心の積み重ねにより強く結ばれ、築かれていくのである。光の連帯意識を育てよと申す。

わずかな交流が言葉の奥に隠された人間の思いを汲み取ること、日々の積み重ねにより、日々の気負わぬ訓練により、小さな輪が目に見えないところで大きな連帯意識になりゆくのである。己がふと心に思う、思う相手はまた、己をふと思う。思うた時、柔らかい波動が行き来する。このような想念波動の世界をつくり上げていかねばならない。

それには人と人とが思いやりを出し惜しみせぬことである。相手を思いやり、心を知ろうとすれば、相手も己を思いやってくれて己を知ろうとするであろう。己が思ったことが返ってくるのである。

この不良星界で、時を同じくして、神の光によって生かされ、わずかな確率によりて宇宙学徒としてつながりを持ち、互いに一つの意識に向かい育たんとなしている。様々な教えを己のものとなす時に、これが実体験となりて真に己の血と肉になるように環境が与えられているのである。

人はこの世に生まれ、生きながら、何を思うであろうか。人それぞれに大きく異なり小さく異なる。大きく似通《にかよ》り、小さく似通っている。互いの共通点を見付け育てる。互いの汚点を洗い浄める。常に人と人との交わりは育つものであり、浄め祓《はら》われるものがある。進化の道程にありながら理想的なる人との交わりをなしていくには、どのような心にて人と相和していくかということを知らねばならない。この世は人と人との交わりによりて形成なされているのである。体験により悟りを得るように仕組まれているのである。不良星界なるがゆえに、その波動なかなか高まらず、様々な霊波念波の作用を引き起こすのであるが、これが学びである。失敗を恐れてはならない。失敗こそ進化の足掛かりである。失敗なくして究極の悟りは得られず、この世にあらゆるものが神の恵みとして与えられていることを思い、感謝することができ得れば、いかなることにも、いかなる人にも、御法度の心を起こすことなく、あるがまま自然な形で受け入れることができる。これが学びである。

人と人との交わりにおいて、新しき苦しみを生み、葛藤を生むか、これも学びであり、この時に必ずよくなる、必ず互いに益することになり得ると信念を持ち、いかなるものにもいかなる人にも愛が育つことを体験せねばならない。ここは不良星界なるがゆえに、荒々しき波動多く、心乱すこと多し。これを避けて通るも、受けて進むも自由意志である。神が小人数の交流を図り、進化の学びとせよと申される。時は刻々と過ぎゆき、地上の波動は高まり、地球は確実に成長しつつある。今、地上を浄め祓いゆく力は、人と人との相和す心であり、思いやりであり、助け合う心であり、励まし合う心である。一つの目的に向かい意識を一つにする。こうして光の連帯意識により潜在意識はさらに連なり、強化され、あらゆる三次元の体験が血となり肉となるのである。避けては通れぬ荒き三次元波動であるゆえに、体験を血肉にするために連帯意識を強めねばならない。人に相対する時に相手を己と思う。相手の立場になりて同じくものを見てみる。そうすれば思うところがよく伝わってくる。俺我俺我《おれがおれが》の心でいれば互いに相和すことができない。己の心を広く開け渡すのである。それが相手の心を受け入れることになる。己の思いを伝えることよりも相手の思いを知ろうとすることのほうが優先されていく、この自然の姿こそあるべき姿である。

この世に生きていくうえで決して忘れてはならないのが、霊波念波の作用である。正しき作用を起こし、善なる波動を持ち、すべてはよくなるための現象である。すべては進化のための学びであると信念を持つことである。

これが地上の波動を高めゆくことになる。真理は知るうちは智恵であるが、体験を通して己がものになるごとに叡智となるのである。臆することなく、躊躇《ためら》うことなく、心を開き交流を図れよ。


宗教との交流は霊波・念波を受ける。

**霊波**＝死霊、霊界から恨み・つらみを晴らさんと思い続ける波動。

**念波**＝生霊《いきりょう》、つまり生きている人間の思考・想念の波動。

死霊が思い続ける念《ねん》を受けた人間は、霊障による様々な不幸に遭遇する。これが因果律の法則である。

誰一人として、この霊波・念波を受けずに生きている人はいない。この霊波・念波に影響されて御法度の心が起こりやすいのである。霊の仕業《しわざ》であるからである。

## 新しき己を創造せよ

**誤って後悔なすも己自身、成功して喜ぶも己、何が誤りかを悟り得ず好転できず、また誤る。すべて己が出す答えである。**

神は答えを与えず。答えとは己が探し出すものである。

過去、これが答えという言葉はなし。人それぞれが心に思い、心に思いてなすことが答えなり。したがって、答えが良き結果を生むや、悪しき結果を生むや定《さだ》かでない。人、良き結果を生《う》もうと神に救いを求め、神に答えを得ようとなす。神は答えを与えず。答えとは己が探し出すものである。誤れば当然己の身に降りかかる。これが学びなり。一見冷たいようであるが、これが進化のための神の大愛なり。苦しみ足掻《あが》くは己のなせる業《わざ》である。決して他のせいにしてはならぬ。一切己から発するもの、己に返って、己の心にあることが現象化なす。悪しきこと降りかかれば、己の心が悪しきゆえ、良きこと降りかかれば、己の心正しきゆえ、これ変えようのない真理なり。病い癒えねば心に誤りあるゆえ。これ明白なり。何が誤りかを悟り得ず好転なさず、誤って後悔なすも己、成功して喜ぶも己、すべて己が出す答えなり。

正しい判断をなすために真理を知れよと申すなり。己が出す答えが正しきものであるために、我欲を捨て真理を学べと申す。

宇宙は広大無辺であり、己の身辺の些細なることに心を奪われている間に、大きなこの一刻を失のうているのである。求めよ叩けよ、扉は開かれる。これ真理なり。そして真理に沿うて生きよ。一歩一歩が進化なり。一足飛びに進化する者この世にあらず、それゆえ驕り高ぶってはならず、高まろうと焦ってはならぬ。一歩一歩が進化なり。洗心を命じられて降ろされたる一魂なれば、確実に一歩一歩進化するが良し。今生一つでも二つでも前進なすがよい。その繰り返しが進化なり。己が気付き得たる真理あればこれを実践し、己の身に付ける、身に付けば光となり、己のなすこと己の話すこと光なり。これが世の浄化なり。己が知りたる真理あれば一つでもこれを人のために役に立たせよ。これが奉仕なり。これが愛なり。人、愛を説きながら、その愛に溺れやすし、情けに流され真理を見失う。厳しき言葉もまた愛なり。まこと進化を求むる者、厳しき言葉あり、厳しき境遇あり、真理に導くための図らいなり。一つ一つ見えてくる、それは一歩一歩上がるからである。

不良星界ゆえに心貧しき者ばかり。当然であるゆえ多くを望むなかれ、期待するなかれ。不良星界である。己がこの世にありて真理に沿うて生きることを目指し、一つでも得るものがあれば良し、その積み重ねなり。

あらゆるものが渦巻き、あらゆるものが入り乱れ、あらゆるものが浮き沈み、あらゆるものが進化と後退を繰り返す。今あらゆるものが行き交い、あらゆるものが溢れ、人々を惑わす。これまた学びなり。

浮き上がる真理あり、心が求め掴《つか》むものあり、これが学びなり。なぜかと申せば、時《とき》なきゆえにあらゆるものを与えられ選択なされる。心の自由性を与えられ己が掴み取るのを神が待たれる。神が真理を与えられるのではなく、己が体験によって得る真理である。これが最も早道なり。

時なきゆえに与えられる。厳しき世なれど、これ神の大愛なり。厳しき世なればこそ目覚めありて目覚め早し。時なきゆえである。常に新しき己を創造なせ。

創造とは力なり。愛なり。創造とは根源の光なり。新しき己を創造なせよ。これが神の望みなり。

一つ二つ取り出してみて今答えを見ることはできないが、やがて大きな道が広がる。捕まえて取り出して開いてみたところで何の役にも立たぬ。ここからは何をどう捉え、どう創造なしていくかである。ことごとく浮き上がってくるもの、現れるもの、吹き出すものを遮ることとなく、これをありがたい現象として受けよ。皆、浄化のための作用なり。くすぶるゆえに、心暗くうっ積となる。様々なものが表面に浮き上がってくることこそ、浄化であるゆえ、様々な現象に対し、どうあるべきが皆の幸せであるかを考え、どうあるべきが真理に沿うた生き方であるかを学べよ。

人それぞれに与えられたる環境、与えられたる使命、与えられたる道あり、その与えられたる道をどう築いていくかはそれぞれである。築いていくことは神がなされるのではなく、一人一人の人間がこれより積み重ねてなしていくのである。体験を恐れず、あらゆる縁を育《はぐく》み育み真理に向かって生きよ。糧となせ。これが相和す世界なりて、共存する世界なりて、このエネルギーが力が次第次第に世を変えていく元となる。世に益することをなせよ。いかなる小さきことの中にも他のために役立つことあり。労力を惜しむなかれ。愛を惜しむなかれ。己にでき得る限りのことをなせよ。「他を生かす者は生かされん」これ真理なり愛なり。「己より発したるもの己に還帰なすが天則なり」。

己が実践すれば光となり、世の浄化となり、御法度の心を起こさぬよう常に反省し、無償の奉仕こそ、まこと神の愛の心の実践者なり。

# 意識転換とバランスについて

**己を中心とし、己のことのみに執らわれている欲心の自己愛と利他愛のバランスの転換が必要な時である。真心である。**

ここをはるかに越えた高次元より送られてくる波動あり。この波動に乗れぬ現状である。地上の様々な霊波・念波の作用により、あらゆるものが渦の中に引き込まれる。見えている世界はあまりにも多く、収拾しがたきものばかり。高次元の波動に沿うために、今与えられつつあるものあり。様々な方向より推し図っていくために示されいく。ここが不良星界である限り、人間の業《ごう》、因縁、止まることなく永遠に浮き出てくる。これをいかに好転なしていくか、大きな目でさらに考えねばならない。

多くの業や因縁を解消するための方法はいくつもあり、これをまず知ることが大切である。あらゆることがバランスよく同時に推し進められていかねば片寄りが生まれ、どこかに歪みが生じ、一方が一方を押し潰すということになりかねない。人間の想念を転換するための働きもなされねばならず、業や因縁が解消されていくための働きもなされねばならず、あらゆることを総合的に推し図っていかねば、肉体に限界ありて地上にいつまでも光が溢れぬということになる。

今、それぞれに与えられている光、力、これを充分に生かすことができるように考えられねばならない。人には己が知らぬ潜在能力が秘められており、これをそれぞれが認め、引き出す努力をしていかねばならない。それは、目先のことに執らわれぬ大きく広い目で全体をそれぞれが見ることである。己のことのみに執らわれている限り、大きな目で世界を見ることが適わない。行き詰まるたびに視野が狭くなっていることを知らねばならない。あらゆる状況の一つ一つが浮き上がってくるのであるが、これらを総合的に判断せねばならぬ。

今の意識を転換していくことを考えていくのである。もちろん早急に完全にできることではない。己の意識を高め転換していく心が大事である。己の欲がどこまで許されるであろうか、どこまでがよろしからぬ欲であろうか。思うことがよろしからぬ欲であるのは、己を中心とし、己のことのみに執らわれている欲である。いかにすれば地上に光が溢れようか、いかになして人の役に立とうか、真の私心のない欲である。

己がなし得ることが世の波動を変えていく源である。一人一人の者が世のためにいかにして善をなしていこうか、と思う心が大切である。大きな光と力を戴くにつれ、そこに生じる様々な波動のズレはさらに大きく関わることになる。あらゆることに対し、最も注意を払わねばならぬのは全体のバランスを保っていることである。プラスとマイナスであり、陰と陽である。

健康は神の贈り物である。陽は男で陰は女である。男は太陽の下で働き、社会に貢献する。女は家の中で育児や家事をして家族に貢献する。これがプラス・マイナスのバランスである。陰と陽のバランスである。これがバブル期に狂ったのである。

世も末になれば天地がひっくり返るようなことはザラであるが、いったいこれからどのようなことが起こるかと言えば、前代未聞、誰にも想像できぬようなことばかりである。今は世の中がひっくり返る時ゆえに、皆がその波動を感じて慌てているのだ。

あの世は、この世ほどに鈍感ではない。この世がこれからどうなるかを波動で感じ、あの世で苦しむ者は今何とか救われたいと喘いで光になだれ込むのだ。光を戴けない者は何とかして光になだれ込もうとする時なのだ。目に見えぬ世界で大変なことが起こっているのである。殺されて死んでも、病気で死んでも、死ぬのは肉体だけであって、生きていた時の思い、意識は残っているのである。ゆえに、御法度の心である憎しみ、嫉み、猜み、羨み、呪い、怒りの心の思いは意識として永遠に記憶され、その記憶のために苦しむのである。その苦しみが霊波となり、念波となり、さらに強まれば怨念と化して、あの世からこの世に怨念を晴らさんとするものである。これが霊障となるのである。

救われることを一方で望み、一方で怨みを晴らしたいと思う霊が、この世に溢れ出したのである。光になだれ込むのは救われたい霊である。怨みを晴らさんとする霊は世を混乱させているのだ。「洗心」ができぬゆえ、神の光が戴けない人間ばかりである。光の戴ける人間は、救いを求めてなだれ込む霊でいっぱいになって光を喰い潰されてしまう。喰い潰されてもまた神から光を戴くが、また霊がなだれ込む。光が薄くなると肉体が苦しくなるが、この繰り返しが自然になされている霊界浄化ということになっている。

光を戴けない人間は病い、障りで苦しんでいるのだ。人間の肉体は光によって維持されている。魂は「洗心」の修行によって神の愛を戴き、英智を戴き、光を戴き、神の手となり足となって自然に動かされるものである。肉体の栄養は光である。神の化身は光である。

光を戴けない人間とは肉食人間である。低級なる動物の波動を発する人間に、高次元波動である神の光は歪曲・遮断されて、戴けないのである。そのかわり、低波動の波長をキャッチして寄ってくるのが悪霊《あくりょう》、邪神・邪霊という類の者たちばかりである。霊能者が念力によって引き寄せる波長類似性現象化である。「洗心」することによって己の魂を磨くことである。磨かれた魂から発する波動が光であれば、神からの光が降り注がれるのである。

# 神の大愛の心の学び

## 愛は寛容なる心であり、己を悔い改める心であり、すべてを洗い流す心である。

新しき心いくつ育つであろうか。「洗心」の成功はすべて吾が心の内にあり。消えて現れ、現れ消えるものあり。

光であり、闇である。光も闇も等しく同じ働きなり。現れては消えるものなり。現れて消えいくは心の作用なり。

己の心が広く開かれていくごとに、この世にあるすべてが、ある一定の法則とリズムとその波動を持ちて動いていることを知りゆく。知りゆけばそれに同調する己の波動が生まれる。自然にあるべき姿が整えられる。気負うのではなく、それに執らわれるのではなく、自ずと自然に同調する。

思いは見えぬ波動となり、伝わりいく。

世に神の御存在が示される時が来た。

神の御存在を知らせるのは光である。

その光に同調する己の波動である。

この己の波動が愛である。この世に生きていることの意義は、いかにこの世に愛をなすかである。

愛は神の光である。

意識が神の光に同調なす時に、願わずともすべてが叶えられる。心に映る正しきことであれば、願わずとも意識がそこに働き、神の光が愛念と同調し、願わずとも事は導かれ、成るのである。こうして己の意識が正しく整えられ、神の波長に同調する時に、神の御存在が示されていくのである。

世に人がこれを奇跡と呼ぶならそうであろう（神の奇跡であって霊能者などの奇跡ではない）。

力《りき》むのではなく、乞い願うのではなく、執らわれるのではなく、自然と祈りが届くのである（この祈りとは、常の心で暮らす想念波動のこと）。

汚《きたな》き醜《みにく》き心の者には、神の光届かず、その意識改まらず、病い癒えず、障り消えず。すべてを真白き心に変えていくに不良星界なるがゆえに困難なり（真白き心とは、汚き我欲を無我無欲に変える真心)。

なれど愛深き心を育つ者には可能なり。

愛は寛容なる心であり、己を悔い改める心であり、すべてを洗い流す心である(寛容なる心とは情けをかけることではない。また、同情することでもない。情愛でもない。突き離す強さも必要な場合がある。情けと愛とをはき違えるから誤りが生じる。その心の波動によって法則が働き、波動が変化する)。

憎しみも、嫉みも、猜みも、羨みも、呪いも、怒りも、不平不満も、己の心に一つもなき、と申すは驕りなり。一つもないと思うは正当化する思い上がった自惚《うぬぼ》れである。

それぞれの心に残り、因《いん》を持ちて頭を出すものなり。因縁因果の意識は一時忘れていても、何かの拍子に思い出して御法度の心を起こす。

己が持つ汚き心を省《かえり》みよ。汚きこの心あるがゆえに、不良星界に降ろされたる者なり。己は心正しき、美しき真白き心と申すならば、不良星界には生かされぬものなり。己の誤りを、己の汚き心を洗うこと、これが神の波動に同調する心である(己は正しいと思い上がっている者に限って波動が低い。低級なり。低級な人間が、低級な人間を救うことはできない。転生ごとのカルマを背負っており、その苦しみから逃れたい我欲の集団が宗教団体であり、因果応報という因果律を知らない)。

これまでの多くが誤りであったならば、これを躊躇《ためら》わずに正せよ。悔い改め、二度とそのような心を起こさぬと誓う。誓う心によって強き意志保たれ、これをなそうとする意識が働く。意識働けば、やがてそのような心に自然になりいくのである（強く意識して一心熱心になるのではなく、常に心掛ける努力の意識が大切で、これを自然体意識という）。

あらゆる偏見を捨てよ。すべてを等しく見よ。すべてに同じ愛を注げ。己の心の中で差別してはならず、己の心の中で振り分けてもならぬ。すべてに等しく愛を注げ。これが真の神の心なり（愛とは厳しいものである。世間体の見栄や同情を持ってはならぬ）。

愛とは光である。同情や薄情けを掛けることではない。物品や金を与えることでもないえこひいきをすることでもない。言葉を持ってなぐさめることでもない。一人一人がカルマである汚き心を洗い流すことができるように、まず己自身を愛し正せと申す。己を信じ、己を愛し、己を高めいくために、生かされている人間である。己の心洗いに徹し、己が高まれば、自然に神の波動と同調し、愛の波動が様々なものに、様々な形で法則が動いて伝わっていくものである。これが真の目に見えない存在の愛の波動である。愛は神であり、光である。

愛の光の不平等が、嫉み、猜み、怒り、不平不満、多くの御法度の心を引き起こすのである。

己の物差しで人を測ってはならない。等しく皆同じ神の子である（自己保身欲の強い人は自己中心的物差しを使うため、人間関係がうまくいかない。気が合うとか合わないとか単純に決めつけ、相手を傷付けることが多い。愛する心を持っていないから愛されることはない。愛されたいと思う幼児期の持続）。

等しく同じ魂である。これが真の執らわれなき心、愛の心である（等しく同じ魂でありながら、「洗心」の努力をする者、しない者、ここで魂の進化が早いか遅れるかにわかれてくる）。

他を非難し、他を差別なす者、己差別なされる。神の愛の国より差別なされる。盲愛・偏愛をなくせよ。これが最も世を歪《ゆが》める元なり。この真の神の愛の心が己のものになる時にあらゆる意識に愛が生まれ育ち、願わずとも光届き、願わずとも陽光は降り立ち、願わずとも祈り（思い）聴き届けられ、病い消滅しいく。障り消滅しいくのである。己が正しく神の愛の心になり切る時に、そこに神の御存在が示されるのである。吾が神と一体となるからである。病い障りを受ける者、神の愛の心を学べよ。

地球はもはや従来の地球にはあらざるなり。日に日に波動高まりつつある新たなる地球なり。この新たなる波動に相応しき人間は生かしあるも、相応しからざる低級人間はいつまでも地球に生かしおくわけには参らざるなり。まず宇宙学を勉強し「洗心」に努め、高級なる地球人になられんことを望むなり。

天則とは、大愛実現の法則なり。絶対叡智なる大神の大愛の法則なり。神大愛の法則をいかほど理解し、実践なさんかにあり。

# 愛は天からの贈り物である

**天から万人が授かったものは愛である。**
**すべての者が心に持っているのは愛である。**
**愛は天からの贈り物である。**

煌々《こうこう》と輝く光あり、眼前に開ける道あり、これより進む所に光あり。ただそこには善念が生まれ、愛念が育つ。省《かえり》みれば皆、光の園《その》なり。心にわだかまりなく、心にシコリなく、すべて光に満たされたり。憂うこともなく、疑うことも迷うこともなく、ただ神の示す道がそこにあるのみ。執らわれのなき心に真《まこと》の大愛が生まれん。人の悲しみを己の悲しみとして受け、人の喜びを吾が喜びとする。いずこにも過不足なき光生まれ育つ。ただ与えられるは最もそれに相応《ふさわ》しきことのみ。与えられぬも当然のことなり。すべて御《み》心のままに動くものなり。ここに我も欲もなく私心なき、やがていかなることにも心動かず心の調整が図られるようになる。

己がこの世に生きていること、生かされていることの意義が、これより明らかにされん。すべてはあるがまま、なすがまま、自然の中に溶《と》け込み調和する波動、これが神の意識に則《のっと》り、神の御心のままに動くものなり、他の者の身を厭《いと》うごとく、吾が身も厭《いと》えよ。他が生かされる時、自ずと己も生かされん。やがて暗雲が開け、覆《おお》い被《かぶ》さる念が次々と打ち砕《くだ》かれていこう。ここに円満なる、片寄りのなき意識生まれる。

真理をこの世に推し広めんがためになす術は、自ずと与えられん。心の調整を図ることが道を開く鍵である、己の思いが消え去る時に神の御心がここに働き掛けられる。神の意志がここに宿る。

常に吾が身を片寄りのなき、整いたる波動の中に置き、丸い玉の中にあれよ。次々と世は移りゆく、次々と事態は変ず、次々と新しき光降り立つ。やがて人は皆、なぜこの世に生きているかを思うようになるであろう。地上に御光が次々と取り入れられていくからである（※この当時は四名で浄化をしていたのでこのようなお言葉がいただけたが、現在は違う。取次の器械がいないため浄化できておらず、邪神邪霊の暗躍時代となっている）。

やがて人々が「宇宙の理」を求めるだろう。魂が光に呼応するようになるだろう。悪は退《しりぞ》けられ、善がさらに生まれ育つだろう。次々と人類の意識が大きなうねりとともに転換されていくだろう。もはやそれでなくては地上は輝く未来を迎えることができないからである。

　このことをそれぞれは克《よ》く心に刻み込み、「宇宙学」を学ぶ者としてあるべき己の姿を見失ってはならない。天の奉仕者である。神の御心に添うて降ろされたる天の奉仕者である。真理が次々とこの世に示され述べ伝えられていくごとに、それに賛同する者が増えるであろう。人は魂の尊厳を知るのである。

「宇宙学」を学ぶ者と学ばぬ者と落差甚《はなは》だしく、次々と異変が起こるであろう。夢か幻か疑うでない。ここに溢れる光は久遠の光、夢や幻ではない。これこそ真《まこと》である。すべては許されるのである。悔い改める者に、すべては許されるのである。吾が心を開いて神に懺悔なす者に、すべては許されるのである。改心なす者に恩恵が与えられるのである。緩《ゆる》やかに流れる旋律、止めどなく溢れる涙、浄め祓いの痛恨《つうこん》の涙、すべてが光に許されるのである。

　やがて、至る所に神の示しが行われん。人類の目覚めのために、至る所に光が降りん。今その節目なり。常に己は神と共にあり、その一部とならん。世に言う、俗的なる奇跡ではなく、「宇宙学」の奇跡はこれより始まる、心洗いによりて。

　奇跡を起こすのは己の心である。愛と奉仕を続けん者であれば、神に生かされる。神に生かされる人となれよ。思いは愛なり、愛は光なり、光は万人に届くものなり。思いは光なり、正しき思いは愛なり、愛は届くものなり。

# 第四章　生きるための指標

# 真理はいつも単純で明快である

願わずとも、祈らずとも、心素直に洗う時、神の御手は差し延べられ、いかようにも救い給うものなり。神は決して心洗う者を見捨てず、あらゆる法を持ちて救うものなり。神は光なり、光で救うものなり。

神は愛念なり、愛念によりて救うものなり。万物万象に対し、愛念を働き掛けよ。悲しみも喜びも共に分かち合う身であれよ。

意識は神とつながりて、不浄なる者を許しまじき。不浄なる者、やがて愛念と善念により、自ずと許しを乞うであろう。与えるより先に求めるであろう。

求めよ、さらば与えられん。真理はいついかなる時にも単純で明快であるもの。複雑に捉《とら》え、思考・技法を凝らすことなく、ただ素直に行じる時に、すべては明るく開かれん。

◆　◆　◆

美しく花開く、愛念の花、今最も重要なものが愛念である。それぞれが己を神の意識と波長合わせをなして自己確立をなし、それぞれが愛念を育て合う時である。神の光は愛である。神と愛である。光の連帯意識とは、愛念の連帯意識である。互いが慈しみ育て合う、互いを尊重し合う愛念である。過不足なき愛念である。

共に宇宙学を学ぶ同志である。心一つに合わせる時である。この時に今必要なのは、今大切なことは、互いの敬い育て合う愛念であり、下座の心である。

真の信念とは、正しいことを押し通す念である。いかなる状況にあっても、己がどうあらねばならぬかを堅持《けんじ》し、己が何たる者かを知れば、次第に頭も垂《た》れるようになる。一切の執《と》らわれなく、我も欲もなく、あるがままの姿であれ。愛念の通路となれ。神の通路となれ。神の愛の通路となれ。そうすれば、やがて新しき力が生み出される。あらゆることを越えた一つの魂である。

情けに負けて欲心を持つ。
欲心は欲心を呼び、邪悪なるものまで呼び込み、操られるままに災いの元をつくる。
情けに負けて肉体に執着を持つ。
これが欲心であり、情愛にすぎないのである。
情愛は薄く、すぐ破られて捨てられる。

# 心を洗う者は救われる

## 一人一人の心の中に厳として在《おわ》します神の存在を知る者に光が与えられ、恵みが与えられ、心を洗う者に救いが与えられる。

○邪気の告白「心を洗う者は救われる」

あらゆる者を先駆けとして神がどのような者をこの世に遣《つか》わされたか、吾々には想像を絶するものがある。何もかも宇宙の真理を世に示すために神が壮大なる計画をもって今日に至らしめられたものだ。吾々は、その神の光の下で操られるにすぎない邪気なのだ。光の下では吾々は無力であり、吾々はとても充満することが叶わない。本来の人間の持っている強さはいかなるものかを知らないために、己の弱さを庇《かば》おうとして見栄を張るのだ。そんなところに本当の強さはない。己のまことの強さを知らないのだ。何もかもは恐怖心がつくり出した世界だ。人に恐怖心を与えたお前たちも悪い。皆同じようにうまいこと釣り合いが取れておるのだ。お前たちが恐怖心を与えなければ、これほどガムシャラに己にいっぱいくっつけて吾が身を守ろうとはしなかっただろう。

ここから先、何一つ己に関わりのないことだということを、言うことはならぬのだ。すべて己の目の前に展開されること、悪しきにつけ良きにつけ、皆己の心の反映なのだ。人の悪しき姿は皆、己の悪しき心の表れなのだ。これ宇宙の法則ゆえ、吾々がこうして充満したのだ。恐怖心を与えてはならない。慈愛の光を与えれば吾々は二度と取り憑けない。人の心を追い込むような恐怖心を与えてはならんのだ。すべて己に跳ね返ってきて、今度は己が恐怖心を抱かねばならなくなるんだ。

この世は皆己の心の投影なのだ。幻なのだ。幻燈機なのだ。映し出されたものにしかすぎないのだ。実体はないのだ。宇宙の光の下に表される真理のために、現れては消える幻にすぎないのだ。何もかもがすべて光の下に明かされて、何もかもが光の下に解かれていく。いかなる嵐が吹き荒れようとも少しも恐れることも動じることもない。現れては消えていく幻であれば、現れる邪気を正気に変える心洗いをなせばよい。

いかなる心洗いをなせばよいか。すなわちすべては光であることを心に刻み、何を見ても何を感じようとも、これ光の化身と感謝なす心あらば、心洗いはすべてうまく己の心に無理なく行われていくもの。いかなる邪悪なるものも光によって正気に変わっていくものであれば、何も恐れるものはない。いかに己が正しいと唱えても、宇宙の真理に似《そ》ぐわない者は崩れていくのを知るであろう。一人一人の心の中に厳として在《おわ》します神の存在を知る者に光が与えられ、恵みが与えられ、心を洗う者に救いが与えられる。法則の下に動くものであれば、偶然は一つもなきなり。すべて起こるべくして起こることばかり。これすべて神の恵みであるゆえ、偶然はなきなり。吾、常に光と一体であり、心動ぜず、意揺るがず。創造の世界は無限なり。宇宙は無限なり。

肉体を戴いてこの世に生を受け生かされている吾が身を思え。吾が身いとおしく思い、吾が身大事にせんと思えば、まず人のために吾が身を使うことをなすべし。さすれば、肉体は光によって保たれ生かされるのである。己が肉体を維持し、己が生命を保とうとすれば、自己保存の欲によりて光はなかなか浸透せず、己の肉体を維持することを忘れ、人のために肉体を使うことをなせば、やがて生かされていくものなり。人のために労を惜しまず、己のために身を粉にして、あらゆることを己のものにしていくために。神のためにと仕組みに入る者は肉体を光によって維持される。病いなし、一切は無であり、一切は光である。吾は吾の中に信を置き、神を崇《あが》める。己の何が間違いであったか、よう気付く者には、光とともに愛と叡智と力が備わる。まことの愛とは何であるか、幾度も噛みしめて述べられてもわからぬ者ばかり。この世、三次元の幸せが、その者の真の幸福であろうか。あらゆる業《ごう》を取り祓うように図らいたる神の愛もわからずに、ただ己の我と欲を満たすために神に背を向けようとする者たちばかり。何が我であり、何が欲であるかを知らぬゆえに、己の間違いに気が付かぬ。地球が始まって以来、何度も試みられたことであったが叶わなかった。こうして再び縁のある者が集うのはこれが最後だ。

## なぜ心洗いが必要であるか

**念波＝生きている人間の想念《おもい》の波動、**
**霊波＝霊界から送られてくる想念波動、**
**これらを霊障と言い、この霊障で苦しむ。**

なぜ心洗いが必要であるか……をよく考える時に至った。

心洗いをなせばどうなるか……を心に聞いて反省する時でもある。

心洗いの重要性を知らせる道はいくらもあります。時間も残されています。前向きに常に道が開かれていくことを信じて進めましょう。信じる心によりて背後の善霊団が働き動いてくださるのです。今は不良星の地球を優良星（天位昇格⇅天位転換⇅一大天譴《けん》の法則により）に導くために、生きている人間の背後によって働く多くの背後霊や優良星界人の働き掛けがなされています。太陽系の星に住む同朋の地球人類を一大天譴の惨状から救わんと、日夜を分かたず愛念を送り続けてくれているのです。地球人は、想像もつかない愛の波動を送り続けてくれる優良星界人に感謝の二文字を忘れてはならないのです。

何も知らない地球人類は気まま勝手に生き、悪の限りを尽くしている行為を恥じねばなりません。

ここで視点を変えて、霊波・念波について平易にお話させていただきます。これも宇宙学の学習の一端です。

家系を重んじる姓名は生きている人間には絶対必要であっても、死後の霊体になると姓名は一切無縁のものとなります。しかし生前の意識を強く持ったまま霊界へ移行しますので、姓名の記憶や地上生活のことは覚えているのです。ゆえに先祖供養は重要でありますが、誤った方法で供養すると、先祖霊以外の霊が憑依して悪戯《いたずら》をする場合があります。例えば宗教関係や霊能関係者が供養法を施すと、背後の邪霊・地獄霊を呼び込む恐れがあるから危険です。家族との絆の思いを持って死んだ先祖霊は、地上生活の意識が強烈に残っているため、地獄の苦しみから救われたい一念から、家族に向かって、助けてくれ！　と叫び続けるのです。特に財を残して死んだ先祖霊は、必ず子孫が救ってくれるものだと思い込んでいます。ところが、子孫の供養の方法が誤ると救えないため、地獄の苦しみに耐え切れず、家族や子孫への思いが募るばかりで、憎しみ、恨み、呪いへと変貌していくのです。この霊波動がやがて霊障という形となって現象化するのです。

ここでもう一つの波動の恐ろしさを知らねばなりません。霊界からの死霊の波動を霊波と申しまして、前述したとおりでありますが、生きている人間から発せられる恨み、つらみ、憎しみ、嫉《ねた》み、猜《そね》み、羨《うらや》み、怒り、咎《とが》めなどの波動を念波と申します。

この念波を受けない人間はいないのです。それは、己自身がこの心を持ち相手に発しているからです。発した念波は必ず、やまびこが木霊《こだま》して返ってくるように、発した人間にはね返ってくるからです。「己より発したるもの己に還帰なすが天則なり」と、これが宇宙の法則の厳しさであります。

ゆえに洗心が重要です。子孫がりっぱな葬式をとり行い、りっぱな位階や位牌を自慢しても、先祖霊に対して真の愛念なく、世間体や見栄のための、お寺任せ、坊さん任せの法要では救われない先祖霊の霊障については前述したとおりでありますが、先祖霊からの霊波以外にも、前生の因縁関係の霊障を受けているケースも多くあり、人生の幸・不幸に関わる怨念霊の存在を知らねばなりません。

これが原因結果の法則であり、因果は巡るの法則とともに、流転し尽くることなき霊魂の存在であります。この因果の法則は不変にして宇宙とともに実在し、いかなる次元にてもこの因果の法則に律せられざる次元はないと、体験を通して確信しております。

また、「何人《なんぴと》といえども、宇宙の法則を曲げてまで救うことはならぬ」とは、御神霊様の厳しいお言葉です。ゆえに霊格の高い守護神・守護霊様は決して宇宙の法則を破ってまで守護することはありません。正・邪、善悪の判断はカルマに応じて平等に因果応報によるものですから、人間が人間を裁くことは、これまた因果撥無《はつむ》の大罪を犯すことになるのです。

霊波（霊界からの波動）、念波（生きている人間から発せられる波動）、この霊波・念波を受けて苦しめられていることはなかなか感じ取ることができず、また解決法も完全な基準がない状態であります。自力での解決法は宇宙の法則に基づいて洗心を続けることですが、物質社会に染まり、不徳の暮らしを続けた人間には至難の業《わざ》であります。ゆえに大金を騙し取られても、宗教や霊能者などに頼り縋り依存して、早急対策法に走る傾向が多い。これは肉体に憑依している霊を念力で追い出す一時的対策法にすぎず、霊は肉体を出たり入ったり自由ですから、追い出されても戻るのです。たびたび他力で追い出すことを繰り返し続けておりますと、憑依霊は腹を立てて、怨念を強めるのです。そして恨みを晴らすまで離れなくなってしまいます。

人間も主体は霊魂ですから霊波を発しています。肉体からも肉体波動が出ています。波動とは、想念《おもい》ですから、個々の想念が空間を飛び交っているのです。時間を経《へ》て相手の波動と合致する発信と受信の関係の、目に見えない想念《そうねん》波動の世界、これが精神世界でもあります。この想念が洗心の常の心の発信波動であるか、反対に御法度の心の発信波動であるか、の発信波動が原因をつくり出しているのです。その結果が良し・悪しで出るのですから、不幸の原因はすべて己自身の想念の誤りにあるといえるのです。反省懺悔し、己自身が変われば相手も変わる自然の摂理であります。

また、相手は己の写し鏡であるとも言われているように、これは皆、類似性波動が引っ張り合う波動の集合意識体なのです。己の波動と同じ波動の意識のものが寄るのです。類は類を呼ぶがごとしであります。人間の発する念波に反応した霊波が合体することになります。ゆえに悪意の意識集合体は悪に加担し、共に悪事を働くという結果が生じるわけです。善波動を発すれば善波動の意識集合体となって、世のため人のために尽くすことになります。

人のためにという偽善者が多い世の中です。善とは愛と奉仕ですが、その内心は感謝と無の心、無償の奉仕でなければ真の愛でも善でもありません。利益が絡んでのボランティアは真の奉仕ではないのです。欺く行為です。この世の中、玉石混淆であるがゆえに善・悪の基準が定まりません。利益のみを追求し、自己保存欲の強い人間が五濁悪世をつくり出したともいえます。これが地球学であり、地球学の誤りです。宇宙学では他を尊重し、自他一体感の利他愛で生きる「他を生かす者は生かされん」というのが宇宙の法則なのです。また、「己より発したるもの己に還帰なすが天則なり」とは、想念の世界の究極の真理です。すべて、この心から創造されていきます。

人間はすぐ腹を立てます。その波動が渦を巻いて飛び交うことになり、その結果、周囲の者にまで及び、怒りの波動に巻き込んでしまいます。そこに雰囲気という気が漂うのです。精神作用の乱れが生じ、邪気が寄ってくるという悪影響に及ぶのであります。

気の流れの変化が肉体にも及ぶという悪循環を正常に戻すには、自己反省を繰り返すほかなく、腹を立てた己の非を認め、悪波動を撒き散らしたお詫びの気持ちと感謝の気持ちが大切です。腹を立てる前に相手を許すことです。許すということは相手を尊重することになります。つまり愛念です。相手も悪かったと気付かされるはずです。相和す波動なのです。

人間は転生を繰り返しながら宿業（カルマ）を積み重ねていきます。このカルマのために苦悩するのです。その苦悩の元兇は我欲《がよく》です。自我と欲心が強いために、自己中心に物事を考え、判断し、誤り、御法度の心を持ちます。御法度の心は自惚心・自負心・自尊心・選民意識などの想念波動から起こり、さらには優越感と劣等感に悩まされます。陰気の気に乗って合体するのが邪気という悪霊などです。ゆえに常の心として、「強く正しく明るく、我《が》を折り、よろしからぬ欲を捨て、皆仲良く相和して感謝の生活をなせ」との教えであります。人間は自己反省の重要性を常に心して身に付けねば「洗心」の修行はおぼつきません。頭でわかっても実践が伴わないのです。

霊障を他力ではなく自力で取り除くことができる方法とは、自己反省と、懺悔と感謝の心になること、さらには霊障の霊のためにも、己のためにも、洗心の実践を持続させることです。

霊魂が存在することは宇宙創造神に生かされている証拠です。善悪は人間が自由意志でつくった罪ですから、自分で償うよう神霊のお図らいがなされるのです。これが因果律です。

かつて、政木和三氏が異次元体験を実演なされたことがあり、私も会場の熱気の中におりました。これが因果律であります。ムー大陸が沈没して一万二千年以上経過しており、この間何回転生し、どんな人生を送ったのでしょうか。それぞれにカルマを背負っている現世で巡り合ったからとて、前生云々《うんぬん》ではなく、一人一人の魂の高まりが問題なのです。科学者だから魂が高いとは言いきれません。霊能者もピンからキリまで様々であるように、邪神邪霊が人間と同化して人間を自由自在に操って、地位・名誉を得ている場合が多いからです。神界から追放された邪なる霊魂が邪神ですから、神になりすませてうまく人間を騙すのです。波動の低い不良星の地球地上で超能力はあり得ないのです。超能力は神の波動ですから、愛念の固まりのようなものです。地球圏から宇宙間に出た魂は超能力に遭遇するのです。

金星から多くの宇宙人が地球上に来ておられますが、地球圏を通過するのは並大抵の苦労ではできないそうです。悪想念・悪業想念波動が分厚く地球を覆いつくしているので、よほどの剛の者でないと通過できないそうであります。

地球人類が発した悪想念・悪業想念波動が地球にどのような悪影響をもたらしているか知る由もなく、知ろうともしないのが地球人です。太陽から送られてくる高次元波動を歪曲・遮断しているのです。そのために邪神邪霊が暗躍し、地球を核炸裂にて破壊させるか否かの切迫の時を迎えようとしているのです。たとえ核戦争が起こらずとも、地球流星という運命が待ち受けているという重大時の時であります。その時、人間は皆、肉体を失いますが、問題は魂が救われるかどうか、未曾有の時であります。ゆえに洗心を知らせ、魂の救済を願っているのです。火傷《やけど》をしてから熱いと感じる鈍感さでは時間に間に合いません。

故・田原澄（初代）が宇宙学を世に伝えてから五十年になります。なぜ広まらなかったか、それは邪神邪霊が邪魔をして、宇宙学を潰そうと必死の策がなされたからです。ゆえに、宗教の背後霊団の悪波動によって次々と宇宙学徒は操られて道を誤るというありさまでした。その実体は我欲の心を出すように仕向けられて、小さなことが大きく膨らんでいくよう脳波をコントロールされてしまうのです。コントロールされていることに気付かないから、気付いた時にはもう遅いという状態になっているのです。

地球圏から宇宙間に出た魂に超能力が備わることは真実です。以前の月着陸は本当に月着陸であったかどうか疑問を残しておりますが、宇宙飛行士が口を閉ざして真実を語ろうとしないのは、月着陸の実態が記憶から消されているからです。消されたというより、地球着陸と同時に宇宙の波動と地球不良星の波動の違いで消えてしまったのです。月は優良星ですから、高次元波動の充満している星です。優良星人は皆超能力を備えております。月着陸によってこの高次元波動に洗脳されたわけであります。一瞬ですが、神の言葉を魂が聞いた、この言葉によって飛行士は英雄から身を引き、哲学者や牧師になられたわけであります。

いっぽう、日本飛行士として活躍しておられる方は宇宙には出ていません。地球圏内に飛んだということ。失敗したロケット破片が地球上に落ちてくるのがその証拠です。地球圏外の宇宙に出ることを神はお許しにはならないのです。神が望み、まことに宇宙に出たならば超能力が自然に身に付くのです。UFOが作れないのが、その証拠でもあります。神にこのことを知らされた三人の飛行士（バズ・オルドリン、ニール・アームストロング、エドガー・ミッチェル——このエドガーはテレビ出演し、宇宙人は地球に来ていると発表した）は、英雄たることを捨てたのです。宇宙ステーション建設も、地球圏内の空間に浮かんでいるだけです。月着陸成功が報じられれば、地球科学者が背後の邪神邪霊に操られて月征服を企むことをお見通しの神々は、人類のいない場所を選んで着陸させ、月ロケット打ち上げを阻止させるため、飛行士に二度と来てはならぬことを洗脳されたものと思われます。飛行士本人しかわからない実感だと思います。

大宇宙も、無限億の星も、地球も現界も霊界も、無限波動の世界です。波動は渦を巻いています。無限の波動は万象を仕組み、万象を生み、万象を育てているのです。神の存在は肉眼で見ることはできません。己自身の霊魂・心を見ることもできません。第六感の働きも、人間の五感以上の波動を感じる時の状態だと思われます。それは、自分自身の波動に神の存在の波動が加わった時の状態ではないかと思われます。神の存在を知るには、一つには瞑想がありますが、その人の想念波動の状態によって危険を伴います。人間と関わりを持つのは邪神邪霊などの類であるからです。善霊・守護神霊は人間に対し、忠告・警告は発しますが、一切答えを出してはくれません。生命に関わる限界の時しか関わってくださいません。なぜなら、自ら試練をもって鍛えねばならないからです。苦しい体験をしなければ鍛えることができないからです。ゆえに神は「苦しい時こそ感謝せよ」と申されます。

生命誕生のお腹の中での十月十日《とつき》という時間も、その胎児には与えられた試練でありま す。「へそ」の緒から空気を吸って成長していくのです。空気も肉眼では見えません。神秘の言葉に尽きるのです。胎児は栄養学とは何の関係もありません。空気も光も波動ですから、胎児のエネルギー源となっているのです。肉食の波動は動物性波動ですから、母親の食事から、その波動の影響を受けることになる。この動物性波動に汚染された胎児は、出生後、性格が残忍になる。闘争心や競争心など、動物本能の思考形になったりするのです。

アフリカの難民の子どもは生んでは捨てられ、成長すれば鉄砲を持つ人生を送る。因果応報という因果律の波動が渦巻いている国ですから、救っても救っても歴史は繰り返されると言わざるを得ません。難民の子どもを生《う》まなければよい、子どもの時から鉄砲で人殺しをさせる制度をやめたらよい、ただただ単純明快な答えであるはずですが、これも人間の業《ごう》・カルマのなせる業《わざ》でありますから、一人一人の意識が変わらない限り、因果は巡るの法則とともに流転し、尽くることなく繰り返されるのです。

学識者の間で早くから意識革命とか意識改革とか意識転換とか言われてきましたが、何ら変わってないのが現実ではないかと思われます。洪水のような情報・知識を取り入れすぎて、その収拾ができない、どのように改めればよいのか、その実践に踏み切れない、しかし、その一方では、新しい世界が訪れるかのような新しい考え方や様々な指導書が山積みされています。何年後には日本はこう変わる、そのための生き残り方法など、魅力感覚を煽られる本も多くあります。

日本サイ科学学会の会長・関英男先生（昇天）が、瞑想よりも「洗心」が先決であると力説されて、加速学園で宇宙学の勉強会を開いておられました。未来を迎えることができる意識転換こそ「洗心」の実践であります。ステップの第一歩を踏み出さねば先へ進むことはできません。今こそ霊性を高め、激変のスピードアップにも負けない強力な意志と努力で、試練を乗り越え、切り開いていかねば、これからは暗いニュースが多く伝わり来るでしょう。

# 己が正しいという証しは何一つない

**あらゆる己中心の感情の下で己を正当化し、欲望のままに生きんとし、道を誤りながら、錯覚の人生を歩んでいるのがほとんどの人間である。**

己が正しいという証しは何一つない。ここまでが善でここまでが悪という基準がない。あらゆる己中心の感情の下で己を正当化し欲望のままに生きんとし、道を誤りながら錯覚の人生を歩んでいるのがほとんどの人間である。

物質世界において得たる自己満足は、夢・幻と気付く時は老いてあの世に帰りて清算される苦しみの中で時すでに遅しの時である。生かし生かされて生きる人生。負けて勝つという人生。人に優しく、己に厳しく、常に謙虚で己を空《むな》しくする下座の心こそ、自我を捨て切る修行であり、良寛和尚の域に達する無我無欲の境地である。

正も邪もすべては神の領域である。常に道には枝葉があり、正も邪も、来《こ》いよ来いよと手招きするが、決して道を誤らず、辿るべきところを目指してまず心洗いに努めるべし。あらゆる枝葉は鍛えである。信念強化のための鍛えである。正しき道に誘導し、正しきことの信念を強化するための試練である。一つ一つ心に信念が生み出され、強固なるものとなり、自ずと道は開かれるだろう。

心を洗い、精神を浄め、肉体を浄め、霊肉の正しきバランスを保つ時、魂の進化向上につながる。

他を生かすも殺すも己なり。他を変えたくば己をまず変えることである。頭で理解していることを心で悟らねば道は開かれない。己を制することならずしていかなるものも制することならず。世を貫く不変の真理、それは、すべては宇宙の愛念によりてすべてが運営されているという大法則である。これ大法則なれば、これをしっかりと身に付けられよ。過去・現在・未来へと輪廻転生するは、すべては魂の進化のためのありがたき神の計らいである。神の大愛なり。神が創り給うたるすべてのものを生かすという愛念なり。

いかに邪悪なる邪神邪霊といえども、元は人間であったがゆえに、神の愛に包まれ生かされている霊魂である。ゆえに改心することを神は望まれ、改心の機会を与え反省を促すも、反省する者は少ない。ゆえに邪神邪霊の暗躍が著しい。

まこと、この世で正しきは宇宙の法則である。ゆえに、宇宙の法則に照らし合わせて己が思考なさねば、まことの道を歩めぬものである。この宇宙の法則を知らぬゆえに、人は過ちを起こし道を誤る。それはすなわち「常の心」で生き、「御法度の心」を起こさぬということであり、目に見えない霊波念波の作用があることを知り、世がいかなる方向に進みあるかを知り、宇宙における地球の変動の有り様を認識し、正しき宇宙文明の発展を促すために、いかに心を、意識を、正さねばならぬかを伝えねばならない。今がその最後の時である。まず我欲を捨てる法を説かねば、真の教えを理解することはできない。

## 相手は映《うつ》し鏡の理《ことわり》

吾々は対人関係で、時々人と対立したり、甚だ悔《くや》しい目に遭ったりすることがある。このような場合には、その多くが、その相手こそが自分の性格の欠点を教えてくれているいい機会でもある場合がある。

心理学に「投射」という用語がある。その意味は「自分の心が相手というスクリーンに映って、相手の欠点として見える場合」をいう。つまり「あの人は何と性格の悪い人だろう」と感ずるのは、実は相手の性格が悪いのではなく、自分の性格の悪さが相手に映ってそのように現れている、というわけなのである。

立ち向かう　人の心は鏡なり
己が姿を　映してや見む

という格言がある。これは、いま述べた意味を端的に表現し、自省することの必要性を説いた、まことに立派な歌である。

時として人と対立し、「あの人が悪い」「何と嫌な人だろう」などと思うのは、大変な誤りであることになるのである。特に宇宙学徒は、相手に対し「フン、宇宙学も理解できないくせに！」などと思ってはならない。相手が悪く映るのは、自らの性格の欠点を正せよとの「天の声」なのである。相手が悪いのではなく、自分の性格の中にそのような悪い部分のあることを知り、よく反省・懺悔《ざんげ》を繰り返す。これが行き届いたならば、二度と同じことで対立したり悔しい目に遭ったりしなくなるのである。このように大神様はお仕組みになっておられるのである。

この道理をよく噛みしめて、互いに日常生活の中で実践していく時、「皆仲良く相和して」暮らすことができるようになるのである。自分に非があることを認め、決して他人のせいにしてはならないのである。

# 物事にはすべて原因がある

**今回の物質文明の崩壊は、すなわち地球社会の生態系の壊滅にして、人類自体の死滅につながることを知れ。**

人間は「生かし生かされる」という、相手あっての自分、自分あっての相手である相互関係にある。相手の身になって物事を考える人は、心の美しい、思いやりのある、和を好む人であろう。

自己中心の意識を持ちて相手を忌み嫌うのではなく、慈しみ、決して張り合わず許すこと、争ったり競うことは己をみじめにする。人を許せよ。罪を許せよ。過ちを許せよ。すべてを寛容な心で、神の目で物事を見るは愛なり。

物事にはすべて原因があって結果が生まれる。ゆえに、すべて現象は原因があってその結果である。また、その結果が新しい原因のもとであるとすれば、原因が結果を生み、結果が原因を生み出す繰り返しを続けているうちに、やがて次はどのような結末が現れるかは想像できる。この結末は終わりであるが、宇宙に終わりは存在しない。

今、この地上に様々なる危機感迫り、現実にいたる所で表面化なしている。ねじれの表面化である。波動のねじれは、やがて様々なものに影響を与え、狂いを生じさせる。一つの表現方法として、今、天位転換の時であり、宇宙空間における天体波動の様々な変動の時であると伝えられる。この時になぜそう伝えられるか——様々な波動のねじれが究極に迫りつつあるからである。波動のねじれは人の心にも影響を与える。様々な天体に独特な波動があり、独特の波動が緩《ゆる》やかに狂い出し、様々な波動の狂いはやがて人類の想念波動に狂いを起こさせる。一つに、人間の、人類の、想念波動の狂いは宇宙的なるものであり、そこに様々な人間の悪想念の働きかけが起こり、いわゆる悪魔という存在が表面化なしてくる。これを悪想念という。今、いたる所に宗教が生まれ、世を浄め祓うという名目のうちに、この悪想念体が暗躍なし、さらに人心を乱す。

この時に至り、心ある者、勇気を持ちて立ち上がり、真理を求め、道を求め、世を救うためにと心を洗う。

心ある者は真理を求め、道を求めるが、地上の波動が乱れているため、真実に到達することは難しい。世を救うためにと立ち上がりても、悪魔の存在が表面化し、正道を歪《ゆが》めているため、その影響で滅びゆく者数知れず、真実は伝えられない。そのうえ歪《ゆが》められてしまう。心も洗わずして己が体験し得ないことを否定するな。己が日々、高尚なる教えに基づき、聖なる心によりて、心洗いをなして暮らせば、体験を得ずとも真理を共鳴することができる。今、現れている結果は未来の因である。未来がいかなる方向にあるかを見極め、未来が明るい光の世界になり得るために、今己がいかなる因をつくっておかねばならぬかをよーく考えて、日々の暮らしに努力し、洗心に励んでいただきたい。

## 大自然のいかなる現象にも偶然はない

地球社会では、偶然という誤った解釈をして、歳月とともに忘れていくことが解決とされている。しかし、大自然界においては、いかなる些細なる現象にても、偶然はないのである。

古代より、人類は大自然界の現象とともに共存共生してきた。太陽の恵みに感謝して暮らしてきた。現世はただただ、己が肉体を養わんがために生き、己が利益のみ追求し、競争・闘争の心を起こし、悪想念（悪心）を発し、社会も個人もすべて利己主義で活動しているため、事故・矛盾など、混乱・苦患はなはだ多く、今日の人心《じんしん》の退廃《たいはい》は目に余るものがある。

地球にたむろする邪神邪霊のほしいままに任せ、不徳の文明の中に遊ぶ者たちにより、この世は支離滅裂となっている。この支離滅裂の文明は、宇宙の法則に反する唯物信仰、科学信仰なるがゆえに、このままでは、先端技術と呼ばれる科学力（宇宙開発・人工衛星・原子力・電子研究）によって、地球は滅びゆくしかない。

また、政治・経済・社会・文化における矛盾・混乱・軋轢《あつれき》を惹き起こし、弱肉強食という不徳の文明を築いて今日に至っているのが地球各国の姿である。

地球人類は、五感のみの世界をすべてと思い、三次元世界（現世）に現象する一切を偶然として考えている。人間の目の前に起こるすべての現象は、必然的に起こるべくして起こる原因があり、その結果の姿・形である。

因果応報という厳しい掟がある。因果律である。この因果律から一歩も逸脱できないのが人間である。

人間は、何十回、何百回と転生を繰り返して生き永らえている魂である。肉体は、その都度都度に両親の借り腹によって自らをつくっているのである。しかし、その肉体に宿る魂は、永遠に一個そのものである。永遠の自分である。肉体は百年足らずで死を迎えるが、魂は死の直前、肉体から離脱して霊界へ移行し、霊体という姿で生きる。そして、霊界で何十年、何百年、地獄で苦しみながら生き永らえる霊魂もあれば、良寛和尚のように、天国と言われる環境の霊界で暮らせる霊魂もある。

人間の生も死も、神が決定なされる領域である。つまり、人間は神に生かされている。

宇宙エネルギーで生かされているのが人間であり、動物であり、植物である。肉食や栄養食や美食で生きているわけではない。動物と共存共生し、必要な時だけ動物を殺して食するを許されているのは未開人類だけである。

牛の姿をして生まれ、馬の姿をして生まれ、犬や猫の姿をして生まれ、人間と相互関係を持ち、愛情を分かち合う修行のそれぞれのお互いの姿であることを知らずして、同じ生かされている生き物である動物を殺生して食する人間の愚かさを知らねばならない。牛も馬も犬も猫も、ブタもニワトリも、ヘビさえも、元は人間であったことを知らねばならない。

地獄で何十年、何百年苦しんで生き続けているうちに、地獄から救われたい一心で救われるが、救われる姿がそれぞれに違ってくる。難病を背負って生まれたり、水子にされる運命に生まれたり、不幸になる人生であったり、現世に生まれてもすべて因果応報、因果律という原因結果の宇宙の法則から逃げも隠れもできないのが人間である。ゆえに、牛も馬も犬も猫もブタもニワトリもヘビも、因果応報によってその姿を与えられて生まれてきているのである。

人間は神の手の内にあり、運命のほとんどが決まっているが、一方で、人間は生かされている感謝の心もなく自分が勝手に幸福を求めて、地位・名誉・金銭を追い求め、権力をも握ろうとするのである。

また、これらの学識を持ちながら権力者になり、神の恩恵を無視した行為をすると、神界からの裁きを受けることになる。科学者ノーベル博士も、人類進化論のダーウィン博士も、今なお地獄の底で苦しみ続けている、と神は申される。このように、人間の五感のみで目に見える現実だけを見て生きているから、幸福を追い求めても不幸が追いかけてくるのである。

今、人間の智恵で、その智恵に邪霊などが関わって書かれた本は溢れ、世を混乱させている。転生ごとに積み重ねたる罪の償いをするために、生まれて苦しむことになっているのである。幸福になるために生まれてきているのではない。苦しまなければ罪の償いはできないのである。

現世でも罪を償うために刑務所に入れられるように、この世に善人は一人としていないのである。罪深い者ばかり、罪を償うために肉体を必要とし、その肉体の苦しみによって一つ一つ罪が軽減されていくのである。

その苦しみに耐えられない人間は、宗教に頼ったり、霊能者に頼ったり、先祖供養は必要であるが、大金を奉納して先祖供養を他人任せにしたり、宗教悪徳商法に騙されたり、悪業を積み重ねていることに気が付かないのである。

一人の肉体を創造するために、十月《とつき》十日の生みの苦しみと、一人前に育つまでの親の愛情を一身に受けた子の務めとして、親に対する恩を返さねばならない。感謝の二文字を忘れてはならない。この恩返しと感謝の気持ちを、親の生前も死後も持ち続けることが、先祖供養なのである。

現代の人間は、何事も金で人任せという習慣を身に付けたため、すべてにおいて金が主導権を持ち、愛情とか、恩義とか、感謝とかの心がない人間関係・親子関係・兄弟姉妹関係で、思いやりの一片《ひとかけら》もない偽善者ばかりである。他人を踏み台にして出世をする社会、他人を騙してまで私利私欲に走る金融企業社会、それに操られて消費する労働者の夢を売る商売社会、これら皆、我《が》と欲の騙し合いの、張り子の虎である。

儲けた分だけ損をすることになっていることを知らない。ゆえに、損して徳を取れ、と昔の諺があるとおりである。

ＩＴ企業が次々と崩壊する現実は、金融社会の良き手本を見せられているようである。操る人間側も、操られる人間側も、欲の皮が厚いだけで、儲ける時は優越感に浸り、損した時は他人のせいにしながら劣等感に浸り、結局、小判は木の葉に化ける仕組みである。

# 眼前の欲望は自己満足である

**人間は目に見える世界の幻のみを追い求めるがゆえに、邪神邪霊と人間がどう関わっているか知らず、魅力感覚に迷わされ酔うのだ。**

眼前の欲望のために人間は人間の書いた本を読みあさり、その知識を得て自己満足に浸っている。

真理を求めて宗教や精神世界・異次元世界に嵌《はま》り込んで一心熱心になり、この一心熱心の欲心に邪神邪霊が這入り込み、操られて霊力を貰うことになる人もいる。また、宇宙からのメッセージに信を置き、正否真偽の区別判断が困難でありながら信じ込んで迷妄の道を歩くことになる人もいる。人間は美辞麗句や魅力感覚に溺れる。我欲の強い人間は真《まこと》の正神の声に耳を傾けようとしない。「洗心」は地球全人類必須の条件であることを説明したい。

今日、歴史上伝説として知るところのノアの大洪水や、ムー大陸大陥没などは事実なりて、どちらの民族も神よりの神託を信じ、神託を実践した者のみが救われ、その者たちは新天地を求めて世界中へ散っていった。日本国にも救われた者が渡来し、日本人の先住民となり、転生を繰り返している。その意味で、彼らは遠い先祖でもある。ゆえに、神を信じる潜在意識が残されているはずである。

神を信じる魂を持っている人間は大和民族なりて、地球の霊的中心として、地球に宇宙創造の大神様の御光と御力を流入せしめ、地球を浄化し、平和をもたらさねばならない。物質文明の平和ではない。科学万能の平和を求めるゆえに、競争、闘争、紛争の絶えることなく、経済崩壊、人類滅亡、地球破壊に至る道順を一歩一歩前進している緊迫の時であることを肝に銘じて、一人一人「洗心」に励んでいただき、魂の本当の救済に努めていただきたい。

この世には物理の法則があるように、心の世界にも心の世界の法則がある。この心の世界の法則を含めた宇宙の法則を守っていれば、祈ったり信じたりお願いしたりしなくても、幸福が与えられるように図られるのであるが、人間、目に見える世界の幻のみを追い求めるがゆえに、邪神邪霊が人間とどう関わっているかに気付かず、美辞麗句、魅力感覚に迷わされ酔いしびれるのである。幻想的な音楽を聴きながら瞑想する方法が一般化しているようだが、これは暗示にかかって脳波をコントロールされ、洗脳される危険性がある。宇宙エネルギーと一体化するという瞑想方法もあるようだが、汚《よご》れた心の人間の波動が宇宙の神の波動とつながるはずがない。自己満足に浸り、その雰囲気《ふんいき》に酔いしびれているだけ、暗示にかかっているだけなのだ。次第次第に霊的感覚に慣れてきて、錯覚を起こし始めるのである。

霊的な人は前生からの修行で霊的性質（性格）を秘め持っているから、霊との関わりを持つ機会や、そのつながりが生まれるのである。類似性波動が引き合うのである。連帯意識である。集合意識体ともいい、同波長の意識の者が集まったり、目に見えない霊体までが人間に関わって意識体をつくるのである。天才と言われる人の場合、この意識集合体（集合意識体）となっているのであって、天才の実力はその人のすべてではないのである。しかし人間は自分に持ってないものに魅かれ、羨ましい思いを持ち、自分もああなりたい、なれたらいいなーと願望を秘かに抱くものである。そして真似事を始めたり、願望の人間と接触を求めるようになり、優越感と劣等感に悩まされることになる。それでもあきらめることなく、次から次へと求める道を模索《もさく》する。

他の道を真似ても自分は自分の生き方が決まっているのである。その生き方は自分でつくった生き方であるからだ。今生だけの自分の姿を見て自分だと思っているから人間皆同じだと思っている。魂の進化に応じて生かされ、体験と実践の修行のために、この世に肉体を持ち、それぞれ環境や人間関係が与えられる。これは因果応報という宇宙の法則の厳しい試練なのだ。

しかし今、人類が住む地球という星の一大転換期を迎え、いつまでもバブル期の夢・幻を追い、魅力感覚に酔いしびれ、自己完成を求めても、今までの生き方では生き残れないという時に至った。地球は今までの地球ではなく、一日一日変わりつつある。明るい未来・二十一世紀を謳い文句に期待したはずであったが、果たしてその結果は経済の終焉を迎え、回復することはない。

宇宙の法則は、神界の教科書であり、地球上で示されている法則・真理は初等科程度の内容で、さらにさらに高度なる教えが用意されており、魂の高まりに応じて理解も高まりいく。宇宙学を理解できない者、否定する者、不信を抱く者、誹謗する者、様々だが、これは霊格の差、違いによるものである。己の霊格を高めねば今後の地球に生き残ることはできない。どんなにすばらしい人であっても、宇宙学に縁なき者は、自分勝手に生きているということに変わりなく、宇宙の法則に合致せず、霊格は低い者となる。己の魂の波動が宇宙の高次元波動と合うかどうかである。

地球は自転・公転している関係上、時間の差はあっても地球上すべてに太陽の光波は降り注がれているから明るいのである。この太陽からの波動が高次元波動であり、優良星の星々（火星、金星、木星、水星、月、土星の内星、土星の外星は不良）から不良星の地球にまで及んでいる（不良星は、天王星、海王星、冥王星）。この波動の変化が現象界。人間の姿形も同じことだ。すべての生命体は波動で形成されている。この波動はすべて平等に与えられている宇宙創造大神の愛念と叡智の賜なのである。ゆえに優れたものも劣りたる者もいない。人間は勝手に我欲によって優劣・上下などをつくり、それが物質文明社会・資本主義社会の強者・弱者をつくり、人間が人間を不幸にしていったのである。その清算の刻《とき》が宇宙の法則で巡りきたという、地球始まって以来の重大事を迎えている。

地球を昇格させんがための清算（浄化）と、地球人類の魂の償いのための清算が重なるがゆえに、地球始まって以来の惨状が起こるという天譴《てんけん》の刻が迫っている（天譴とは天罰、報いを受けること）。

地球学のすべてはひっくり返る、と言えば、反論する方も多いことであろう。あらゆる面で一流の学識者が大勢いながら、今の世の中のあり方に口出しも手出しもできず、鳴りをひそめている。打って出れば、出る杭は打たれる有り様である。

# むやみに時を過ごし道を誤ってはならぬ

**人それぞれに心に秘めたる思いありてこの世に生まれる。宿命あり。修行あり。使命あり。まことの道を歩めよ。**

むやみに時を、醜い争い事に足を取られ、汚き中より抜きん出て花咲かすことならず、泥沼に足を取られたまま片目が潰れ、今や時遅しと天の声が鳴り響き、次々と現れる異変、終わることなくさらに広がる天変地変、いずれの者か日の本に立ちて天を仰げと人を率いるや！

この力を世の進化のために役立たせんと図れども、互いに醜き心、争いありて俺我《おれが》、俺我の心によりて総倒れ！

なれど、天には天の理ありて、地には地の理あり。己が心を正すことを忘れ、他を咎め、己の誤りたるを見ず、人の誤りを咎めこれを責め、そうしてやがて己さえも引き落とし、正を得んとする者、等しく邪も得る。また、邪を排除せんとなす者、等しく正も失う。ありとあらゆる苦難の中より創造の道も再生の道も自ずから断つ。また、善なる心を信じることができず、悪の魔法に掛かりたる愚かな者の俺我、俺我の心にてすべてを打ち壊し、空しく崩れ去る浅はかなる心のままに生きる人間たちよ！

この最後の時に、どうして己のこころを、己の思いを開くことができず、閉ざした心が苦しみの中にありてその壁を打ち破れぬゆえに、神の光も射さず、もはや国は悲しみの中に……。

人それぞれに心に秘めたる思いありてこの世に生まれる。人間に秘められたそれぞれの思いがあり、人にこれを伝えるも、それを理解するも困難である。己が何をなすかは己次第であるが、他の者の心にある思いを誰も止めることも変えることもできない。なのに己の思いどおりに人を従わせようとする心、すなわち我欲ありて、人を傷付け苦しめる。そして思いと異なれば他を咎め、誹謗し、己を正当化なす。己が正しいという証しは何一つない。なのに人は己のみは正しいと思い込み、錯覚の人生を歩んでいる。まこと、この世で正しきは宇宙の理法なりて、これのみなり。ゆえに宇宙の法に照らし合わせて己が思考なさねば、まことの道を歩めぬものである。この宇宙の法を知らぬゆえに人が過ちを起こし、道を誤る。正しく道を歩むために法があることを知らねばならない。世に様々な宇宙の法が説かれ、いずこにも真理あり。なれどいずこにも誤りありて、その誤りは、我欲のゆえ、我欲を捨てる法を説かねばまことの教えを理解することはできぬだろう。それはすなわち、「常の心」で生き、「御法度の心」を起こさぬということであり、目に見えない霊波念波の作用があることを知り、世がいかなる方向に進みあるかを知り、宇宙における地球の有《あ》り様《さま》を認識し、正しき宇宙文明の発展を促すために、いかに心を、意識を正さねばならぬかを伝えねばならぬ。今がその最後の時である。

己が天に代わりて世を救うと慢心の心を出すことよりも、己がこの世にありて何をなさねばならぬかと追い求めることよりも、己の一人の心洗いによりて光がそこに降《ふ》り注ぎ、光はその近辺を愛で満たし、邪悪なるものを排除なし、そして光に転じ次第次第に世が変わりいく。世を一度に変えることは不可能である。天の仕組みがそうなっている。法則を知り、法に則《そ》って世のために己を生かすことをまず心得よ。地上に生を受けているいかなる人間も、代償の法則、懲罰の法則、因果の法則、因果応報の法則、大愛と相応の理の法則等、あらゆる法則は自動的に生じ、数学的正確さをもって働き、絶対に誤魔化すことも、免れることもできない。逃げも隠れもできない因果律なり。偶然は一切なく、すべて必然的に起こり得る、これが宇宙の法則なり。「他を生かす者は生かされん」という共存共栄、自然調和こそ人間の生きる道であり、これも宇宙の法則である。

人間という存在は最も高度に組織化され、最も緻密で、最も複雑なコントロール・ルームを具《そな》えた、他に類を見ない驚異的な有機体である。その無数の構成要素が調和的に働くことによって生き、動き、呼吸できているのである。胎児と母胎とをつないでいる「へその緒」と同じく、無限の空気を吸って生かされているこの生命は、神からの贈り物である。人間は、どんなにりっぱで偉い人であっても、生命を創造することはできない。神が創造なされし神秘的生命体である。肉体は光によって維持され、神の愛念によって生かされている魂は永遠なり。

世を貫く不変の真理、それは宇宙の愛念によりてすべてが運営されているという宇宙の大法則である。

地上に起きる出来事はすべて自然の法則によって支配されたものである。原因と結果の法則が働いており、一つの要因には、寸分の狂いもない連鎖で、それ相当の結果が生じるのである。奇跡というものはない。法則は定められたとおりに働き、変更なく運行される。

人間世界の不幸の原因は物質万能主義（肉体執着のための地位・名誉・金銭等）と、科学万能主義（コンピューター誤作動によるもの、人間の手によって操作を誤れば核のボタンは押される可能性、インターネットの世界犯罪、パソコンの人間喪失《そうしつ》、依存型人間増加、無能力者）を信じ、正しくない宗教、利益経営商人的宗教、騙しのテクニック宗教等を信じ、欲望と利己主義が支配している。

なぜ、己を益することばかり願うのか、なぜ肉体の快楽ばかりを追い求めるか、理想ばかりを高く掲げ、現実は足掻きの泥沼である。汚れておる己の足元を見よ。いつまでも泥沼の中に浸かって愚痴を言う。法則に適わぬことはやがて吾が身によってこれを償うことになる。償わされている己に愚痴を言い、法則に恨み言を言う。天に背《そむ》いている姿の己であることに気付かない。何のための苦しみであろうか、何のための体験であろうか、心を洗わねば狂うことを学ばされるであろう。物質世界において得たる満足とは、夢、幻。あの世に帰りて清算され、気付いても時すでに遅く、人間の垢（カルマ）を取ることができない。

千里の道も一歩から。常に今がその一歩であることを忘れず、驕り高ぶるなかれ。謙虚であれ。心の自由性があるゆえに、一切束縛はない。良きも悪しきも、心の自由性のままに、心の求むるままに、すべては運ぶ。他を殺すも、他を生かすも己なり。他を変えたくば、己をまず変えることである。愛の心を満たし、他を助くる者となれ。他を生かす者となれ。これのみが力となり、これのみが魂の至福につながる。争いとは、己の心が引き起こすものである。相手のみが悪いのではない。己にも非がある。己を変えていくには心洗いをすることである。己を制することならずして、いかなるものも制することならず。大法則なれば、しっかりと身に付けられよ。

# 特別寄稿

## ―古代日本と四国（死国）の謎について―

石川好男

古代日本の歴史・神代を語るうえで、古事記と日本書紀を除いては語れない。両書は日本古代の歴史書として日本人の大方《おおかた》はご存知と思われる。この二つの書は、記・紀と略称され、古事記は奈良時代・朝臣大安万呂《あそんおおのやすまろ》が編さんした勅撰書といわれている。

戦前の小学校教科書で思い出すのは、神々が人間の姿をして雲の上に立っておられる挿絵であった。

戦前の学校教育を受けた者は、歴史の授業で、日本の国の始まりは神代といい、イザナギ・イザナミの二神《ふたがみ》が天神《あまつかみ》の「漂《ただよ》える国を修理固成せよ」との命を受け、雲上に架《か》かる天《あま》の浮橋《うきはし》の上から天《あま》の沼矛《ぬぼこ》で海中をかき鳴らし、引き上げた矛《ほこ》からしたたり落ちた潮《うしお》が累積なして出来たのが「オノコロ島」であり、二神は天上よりこの島に天下り、次々に島をつくられた。

まずはじめに淡路穂之狭別嶋《あわじのほのさわけしま》（淡路島）、二番目に伊予之二名嶋《いよのふたなしま》（四国）、次に隠岐之三子嶋《おきのみつごしま》・筑紫島《つくししま》・伊岐島《いきしま》・佐度島《さどしま》・大倭豊秋津島《おおやまととよのあきつしま》（本州）・その他に六つの島々をつくられたとの国生み神話《くにうみ》に始まり、次に、天照大神《あまてらすおおかみ》・月読尊《つきよみのみこと》・須佐之男尊《すさのおのみこと》の三貴子《きし》をお産《う》みになり、天照大神に天上を、月読尊に夜の国を、須佐之男尊に海原《うなばら》を支配することを決められた。

また、須佐之男尊が天上に昇られて乱暴を働いたため、天照大神がお怒りになり、天の岩戸にお隠れになり、そのため世界が暗黒となり、困った神々が協議の結果、岩戸の前で酒盛りをして大いに歌い踊り、その騒ぎに何事かと天照大神は外の様子をのぞこうと岩戸を少し開かれたその一瞬、手力男命《たじからおのみこと》が全力を投じて岩戸を全開させ、天照大神に外へ出ていただくことに成功し、世界は再び明るい世となった。

以上のような話や、須佐之男尊《すさのおのみこと》の八俣遠呂智《やまたのおろち》退治、イナバの白兎《しろうさぎ》の話、出雲《いずも》の大国主命《おおくにぬしのみこと》の話など、神々の時代から人の世に移り変わる間の話を学んだが、何といってもハイライトは天孫「瓊瓊杵命《ににぎのみこと》」と多くの神々による「天孫降臨」が一番である。小学校の教科書の挿絵が「天孫降臨」の神の姿であった。

そのとき、私が一番疑問に思ったのは、「天孫降臨」とはいかなることか、天のどこから地上のどこに降《お》りられたのか、いったいどのようにして降りられたのかということであった。

地上の人間界では、二十世紀になってやっと飛行機が飛ぶようになったのだが、何千年、何万年の大昔《おおむかし》に空を飛ぶ乗り物があったのか、あったのならば、どんな型をしていたのか、教科書の挿絵のように雲に乗って自由に大空を飛ぶことができたのかなど、長い間、疑問に思っていた。

その疑問が、やっと戦後になって解けた。それが、近年世界各地で発見され大騒ぎになっている未確認飛行物体、つまりＵＦＯである。

太古の時代、天《あま》の鳥船《とりぶね》とか天《あま》の浮舟《うきぶね》とか言われる大型宇宙船や円盤型宇宙船の存在を裏付ける話題が、最近になって次々と発表されるようになった。また、日本国内でも、東北地方などで、宇宙服を着た人形姿の土器が発掘されたり、南米の古代遺跡から黄金の飛行機の模型が発見されている。

しかし、現代の学者先生たちや科学者の多くは、この広い宇宙に、人類は地球だけにしか存在しない、天から人が降りてくるなど、全くのお笑い草だ、ＵＦＯなど信用できない、などと頑張っているのが現状である（イギリス・アメリカなどでは研究が進み、解明されている事実も多くあるが、日本においては皆無であることをＮＨＫが認めている）。

さて、「天孫降臨」について少し詳しく書かせていただくと、天上界、高天原の主宰者であられた天照大神が下界の豊葦原之瑞穂国《とよあしはらのみずほのくに》を統治させるために皇孫《こうそん》・瓊瓊杵命《ににぎのみこと》に三種の神器を持たせ、天児屋命《あめのこやねのみこと》・布刀玉命《ふとだまのみこと》・天宇受売命《あめのうずめのみこと》・伊斯許理度売命《いしこりどめのみこと》・玉祖命《たまおやのみこと》の伴《あわ》せて五伴緒《いつとものを》を天降《あまくだ》りさせた。そして遠岐斯八尺勾魂《おきしやさかにのたま》・鏡および草那芸剣《くさなぎのつるぎ》、また、常世思兼神《とこよおもいかねのかみ》・手力男神《たじからおのかみ》・天石門別神《あまのいわとわけのかみ》を下界《げかい》に降ろされ、下界の道案内を猿田毘古神《さるたひこのかみ》がなされ、八重多那雲《やえたなぐも》を押し分けて、久志布流《くしふる》多気の峯《みね》に降りられた。これが粗筋である。

歴史上では、降臨の場所についても、今の宮崎県の霧島山中の高千穂とも、大分県の臼杵《うすき》の高千穂とも言われ、双方が、本当はこちらだと争っているが、決め手がない。

そうして、いよいよ「神武天皇のご東征」と歴史は移り変わるのである。

小学校の教科書では、神武天皇とその軍勢は、九州日向《ひゅうが》の美々津を船出されて、瀬戸内海を東に進まれ、途中二、三カ所、現在の中国筋の港に寄港されながら大阪湾に上陸されたが、ナガスネヒコの軍勢に行く手を阻《はば》まれて苦戦され、兄・五瀬命《いつせのみこと》は矢傷《やきず》を負って、ついに敗退した。神武天皇は日の神（天照す）の方角に向かって軍勢を進めることは不利と悟り、方向を転換して南の紀の国に向かい、熊野に上陸、八咫烏《やたがらす》の先導により吉野に至り、宇陀《うだ》を経《へ》て大和《やまと》の国中《くになか》に突入した。

この時、天皇の弓の先に金のトビが飛来して止まり、その光により賊軍は戦うことができず、降伏。神武天皇は次々と賊どもを平定《へいてい》し、畝傍《うねび》の橿原《かしはら》において初代天皇として即位された。これが神武天皇のご東征の粗筋であり、以降連綿として現在の天皇まで皇統が続いているのが日本歴史である。

以上が戦前の学校での歴史教育だったが、戦後になって大幅に変更された。戦前の日本では、古事記と日本書紀が公式《こうしき》の歴史書と言われ、学校の歴史教育もこの両書が元になっていたのであるが、敗戦後の民主教育なるものに変わるとともに、大層な変貌をとげてきた。

戦後、言論出版の自由の世となり、戦前には見ることもなかった多種多様な歴史書が本屋の店頭に並び出し、戦前には予想もしなかった数々の歴史が語られる世となり、歴史に関心のある者にとっては、ますます謎の多いものとなった。史書を繙《ひもと》くのが大好きな私も、謎解《なぞと》きに古書を漁《あさ》り、読んだものである。

それらについて少し書かせていただくと、まず歴史の謎の第一として、神武天皇の大和王朝より前に他の王朝があったのか、という問題がある。

戦前の歴史教育では、神武天皇が初代天皇として大和王朝を開いたのが始まりと教えられた。ところが現在では、古代に数多くの王朝が存在したとの説があり、それらを列記すれば次のとおりとなる。

まず、大和地方において神武王朝以前に物部《もののべ》王朝とか葛城《かつらぎ》王朝の存在説があり、また、それ以外の主なるものを北から名を挙げれば、津軽《つがる》・蔵王《ざおう》・筑波《つくば》・富士《ふじ》・諏訪《すわ》・飛騨《ひだ》・越《こし》・近江《おおみ》・但馬《たじま》・出雲《いずも》・熊野《くまの》・剣《つるぎ》（四国）・豊《とよ》（北九州）・肥《ひ》（クマソ）・高千穂（隼人）などの王朝である。また、ある書では、瓊瓊杵尊《ににぎのみこと》より数《かぞ》えれば三代目に当たるウガヤフキアエズノ命《みこと》も、古事記では一《いち》代であったように記されているが、古史古伝の中には七十三代続いたという説もある。

ほかにも、記・紀には一文字《ひともじ》も記事にない邪馬台国《やまたいこく》と女王・卑弥呼《ひみこ》について、隣国・支那の古代史書に実在の証録があるにもかかわらず、我が国の歴史書に出てこないのはなぜなのか。また、倭人《いじん》とか、倭国《いこく》とか、倭の五王とは誰なのか。さらには、神々のおられる高天原とはどこなのか、天上なのか、それとも地上のどこかにあったのか。日本人（大和民族）はどこから来たのか、そのルーツは、などなど、謎は深く遠い。

ちなみに、記・紀以外の古史古伝で古代王朝の存在を説く書物は次のとおりである。真《まこと》と嘘《うそ》が混同され、真実は定かでない。

イ、神代の万国史と言われる竹内文書《たけうちもんじょ》。

ロ、出雲王朝を説く九鬼《くかみ》文書。

ハ、冨士高天原王朝の盛衰史である宮下《みやした》文書。

ニ、東北王朝史で始まる秀真伝《ほつまつたえ》と三笠紀《みかさふみ》。

ホ、九州大友家に伝わっていたという上記《うえつふみ》。これには九州に存在したという「ウガヤフキアエズ朝」のことが書かれている。

ヘ、近年発見された東日流外三郡誌《つがるそとさんぐんし》。これは、東北に住んで『エゾ・エミシ』と呼ばれ、古くは坂上田村麻呂《さかのうえのたむらまろ》や源義家《みなもとよしいえ》等の東北征伐で攻められた人たちの先祖の王朝史。

ト、ほかにも、先代旧事本記《せんだいくじほんき》等もあり。

このように、戦前では歴史と言えば記・紀と言われていた時代とは異《こと》なり、現代では実にたくさんの歴史にまつわる出版物が氾濫《はんらん》している。

昔は、竹取物語でかぐや姫が月に帰った話、三保の松原の天女の羽衣《はごろも》の話など、伝説がおとぎばなしとしてつくり話のごとくに片付けられていたが、はたしてこれらもつくり話なのか、それとも本当の話なのか……だんだんと疑う思いが生じてきた。

古事記や書紀以外の古史古伝の出現によって、その存在を知らされた古代王朝史をはじめ、書かれている内容はまことに盛りだくさんである。そこには、遙《はる》かなる古代、天地創造の時代、太陽系以外の星団からUFOで使者が降りてきた宇宙船伝承や、古代日本の天皇が「天《あま》の鳥船《とりぶね》」に乗って世界各地を巡察したなど、全く奇想天外なことまで書かれている。

また、一万二千年前、太平洋にあった「ムー大陸」の沈没や、太平洋を取り巻く国の民族や言語、またヨーロッパの歴史の始まりと言われている古代シュメール文字の刻まれた巨岩が多数日本中で発見されていることなど、私のような素人の歴史探究家には次々と出版される書籍は増える一方であり、学者諸先生の甲論乙駁《こうろんおつばく》で、いったいどれが本物か、真実なのか、あまりにも日本古代史は謎が秘められ、不明な部分が多すぎるのである。

例えば、隣国支那は四千年、エジプトは五千年の歴史と言われており、正確に文字で書かれたものが存在する。吾が国は、神武天皇以来二千六百余年と言いながら、奈良朝以前になると謎が多すぎる。古くからの言い伝えでは、歴史はその時々の権力者により都合の悪いことは抹消されたり書き換えられたり、事実を曲げて後世に残された点も多いと言われているが、どうやらそれが真実のようである。

日本においても、古代、蘇我《そが》と物部《もののべ》の争いなど代表的なものだが、滅ぼされた側は家・邸《やしき》だけでなく、重要な国家の歴史に関わる文書もともに焼き滅ぼされたとか、古事記も日本書紀も国家の公的な歴史書であると言われているが、その成立の時代を考えると、真実は隠され、抹殺・抹消された事項や書き換えられた個所もあることは間違いないと思われるのである。

日本の神之代《かみのよ》と言われる時代は相当長期間と思われるが、書かれていないことの方が多いように思われる。古事記の書き出しに、編者《へんしゃ》の大安万呂《おおのやすまろ》は「上古世《じょうこのよ》、我国には未だ文字なく」の書き出しで始めているが、本当に文字がなかったのか、文字がないと言い逃れをする理由があったのか。

古史古伝によると、古代には豊国文字《とよくにもじ》と言われる象形文字《しょうけいもじ》を改良した清字・濁音合わせて七十字、ほかに添字《てんじ》二字があったとある。また、これによく似たサンカ文字もあったと紹介されている。中世に至り、国学者・平田篤胤《ひらたあつたね》が「神字日文伝」で「秀真文字《ほつまもじ》」の存在を明らかにしている。このことは、古代史研究家の吾郷清彦氏も認めていることである。

このように、同じ日本の歴史でありながら、戦前と戦後では、その内容について大変な違いがある。このような現実を得ながら、私は日本歴史だけでなく、幅広く宗教関係書、聖書の類《たぐい》、霊界に関する内・外国書、またここ十年ほど前からブームのように店頭を賑《にぎ》わせた終末予言書やUFO関係、超能力に関係するもの等々、手に入る限りを読み漁《あさ》り、霊能者や超能力者と言われる方々を尋《たず》ねたりして、歳月をかけて疑問に取り組んだ。

日本の代表的な宗教である仏教とは、いかなるものか、死者を葬《とむら》うだけのものか、それとも人を救う力を持つのか。それを知るために、大乗と小乗の二つの流れのうち、最初に日本に来たのが小乗仏教であったので、まず小乗と言われている教団に入会し、本部道場で奉仕作業をしながら管長の講話と説法を聞きはじめた。そして学ぶこと約五年。その間には一千日の修行も達成し、身をもって体験学習を試《こころ》みた。その間に、ダライラマとパンチェンラマの二人のチベット仏教の最高指導者の来日の法話も聞くことができた。

このようにして、仏教教典の成立のいわれや教典の中身について学んだが、その結果は、宗教では人は救われないし救うことはできないと確信と見極めがついたので脱会した。

以来、一切の宗教との縁は断ち切り無縁となった。

こうして、真理を求めて遍歴していたところ、ついに大変な幸運に出合う出来事が起こったのである。

今から二十年あまりも前のことになるが、東京在住の入谷憲雄さん（入谷氏はピラミッド瞑想の創始者）が一冊の本を送ってくださったのである。その本は「宇宙の理」という月刊誌であった。発行所は「ザ・コスモロジー」と明記されており、初めて見る本だった。早速に読んだ私は、この本は普通の本とは違うと直感。目からウロコが落ちるという言葉があるが、まさにそれを感じた。しかも、最初に発行されて以来約三十年も経《た》っている、なぜ今まで知らなかったのか、一日も早く既刊されている全部を読まねばならぬとの思いにかられ、直《ただ》ちに入会し会員となった。

こうして宇宙学の勉強が始まったのである。

まず、人間が住んでいる地球という星が、宇宙の法則・進化の法則によって新しい段階の星に昇格するために変化する時期に来ていると言われ、そのために地球上に住んでいる地球人類の上にも大異変が訪れる、この一大変災から人類を救うために、神界では神の言葉を聞くことのできる能力を持ち、人々に神の言葉を伝える役目をさせるために田原澄先生を選ばれた。神界通信・霊界通信・星の世界からの通信が始まり、それを伝える場として宇宙学教室も開講され、広く世に伝えるご努力をなされた。神の取次の器械として偉大な使命を果たされ昇天なされたのであるが、田原先生昇天後、高木縁大先生が継続されて、田原先生が取り次がれた多くの神界・霊界・星界との通信を出版し後世に残されたのである。

こうして私どもは宇宙学を学ばせていただき、真《まこと》の神の存在と大宇宙の構成、宇宙には法則があり、この法則（神界の掟）によりすべてのものは生かされ進化の道を歩んでいること、地球を含めた星の世界のこと、地球上に住む地球人としての正しい生き方、また、人間が暮らしているこの世という三次元世界と、死んで行くあの世という四次元世界のこと、他次元の存在等々、今まで読み漁《あさ》った地球上の学問とは異なる学問、地球の学問では知ることのできない宇宙の学問を知り、諸々の多くの学びのために歳月を費《つい》やして得た学問や世の中の常識の誤りに気付かされた。

人間は猿から進化したというダーウィンの進化論や、光は一秒間に三十万キロメートル走ることを基礎としたアインシュタインの相対性理論等が正しいものとして疑わず、これらの学問を土台とした地球上の文明文化は二十世紀に入り、近代工業化を進め、人類に最高の幸福をもたらしたかの感を与えた。が、人間の思いとは裏腹に地上いたる所で環境を破壊し、生態系を破滅させ、いたる所で民族紛争を起こしている状況にありながら、大多数の人間は自己のためにのみ生きる欲望の世を築き、平然と魅力感覚に浸《ひた》っているのである。

神の存在を忘れ、死後の世界のあることを知らず、肉体のみを人間と思い、「魂こそ人間の本体」であることを知らず、死んで花実が咲くものか……などと何の根拠もない言葉を正しいと信じ、今生だけがすべてであるとの思い違いから、己の肉体の欲望を満たすことを願い、一日でも楽に長生きしたいと願っている。そうして心の弱い者は宗教に走り、現世利益を願い、病気になれば医薬に助けを求め、なぜ病気になったのかその原因も知らず、栄養学に振り廻《まわ》されて肉食過多から起こる難病奇病に治療方法はお手上げである。

この世に「自分の蒔《ま》いた種は自分で苅取《かりと》らねばならない」という法則のあることを知らず、宇宙学では「己より発したるもの己に還帰なすが天則なり」と、天則に従って生きることを神は望まれておられ、いかなる者もこの法則から逃《のが》れることはできないという宇宙の法則も知らず、法則の厳しさもわからず、ただただ欲の皮を着た我利我利盲者となって生きているのが人間の実情である。

大学は出たけれど……宇宙学を学んで卒業する人は一人もいない。間違った地球学の学問をいくら修学しても、大不況を招き、大失業時代を引き起こし、世を混乱させ、精神異常者を多くしている教育は間違っていることに気付かれることを願うばかりである。

さて、四国は死の国であることについて、私見を述《の》べさせていただくつもりが、本論から逸《そ》れて、宇宙学との出合いについて長々と書いてしまった。

実は、古代より現世に続いている死の国の謎解きには宇宙学が大いにかかわりのあることが徐々に判明してきた。しかも、吾が日本皇室の祖・天皇家の出自《しゅつじ》にかかわるものと確信するに至ったのである。

では、死国とは日本のどこにあったのか。それは「死国」すなわち四国なのである。皆様もご存知かと思うが、四国の名が出てくるのは、あの国生《う》み神話で二番目に生まれた嶋、伊予二名嶋《いよのふたなしま》と言われる嶋である。私は、この嶋名《しまのな》を、イの国とヨの国という二つの名を持つ嶋であると読んだ。イの国とは倭の国、ヨの国とは夜の国、すなわち黄泉《よみ》の国のことである。

この解釈、実はあまり見当違いではないことが徐々に判明している。また、この四国が倭国《いのくに》だということを立証するために、一生懸命に実地検証と研究に努力されている方も知った。その方は大杉博氏で、徳島県池田町佐野に在住され、倭国《いのくに》研究所を設立され、すでに研究成果を数冊の本にして出版されている。皆様方もお気付きかと思うが、上古より近世まで、四国のことは不思議なほど史書に何も出てこない。神武天皇のご東征についても、天皇の軍勢は九州を出て今の大阪に向かって進軍し、瀬戸内海を東進したそうだが、四国のことは一切触れていない。

一方、古史古伝によれば、神武天皇よりも古い時代、豊阿始原《とよあしはら》の世、三代神皇ニニギノミコトの時、大陸より侵略軍が来攻《らいこう》し、四国も占領され、神后である木花咲耶《このはなさくや》姫が四国に出陣《しゅつじん》されていたため捕虜となっていたが、神皇軍が巻き返して、四国は解放され、神后も救い出された（これには後日譚《たん》もあり）という史説ぐらいで、平安朝・南北朝頃まで完全に空白である。

その空白は、平安朝の時代に四国出身の空海（弘法大師）が世に出るまで続いた。この空白こそ、古事記の隠されている部分に大いに関係している。

四国には八十八カ所の霊場があり、春ともなれば白い巡礼姿のお遍路さんが全国各地より鈴の音を響《ひび》かせながら死装束《しにしょうぞく》の姿で巡《めぐ》る。ではなぜ、死装束をするのか。この八十八カ所の寺々は大半が不便な山中にある。この寺々は、有名な弘法大師の開いたものと言われているが、では空海は何のためにこの霊場を開いたのか。

ご存知のとおり、空海は幼くして神童と言われ、都《みやこ》に出て勉学に励み、若くして中国の唐に渡り、当時の都・西安《せいあん》にて恵果阿闍梨《けいかあじゃり》に認められ、真言密教の奥義を受けた。帰国後、時の帝《みかど》・嵯峨天皇の厚い信任を受けた。

その空海が、当時不便極まる四国の山野を巡って霊場などをつくったのだろうか。おそらく、これには深い理由のあったことと察せられる。一説では、空海が虚空蔵菩薩求聞持法《こくうぞうぼさつぐもんじほう》という、仏法では最高の法力を修得するためとも言われているが、本当はもっと重要な任務があったのである。

それは、天皇の秘密命令で、死国の存在を封じ隠《かく》すための祈りを修した霊場づくりであったのではないか。

この死の国の封印が解かれねばならない時が来ている。地球の中心であるところの日本に、数千年にわたり覆《おお》われている邪気《じゃき》邪霊（邪鬼）の因縁《いんねん》を解き、死の国に封じ込められている太古の神々を明るい世に甦《よみがえ》らせてあげねばならない。

今や地球は、天位転換と言って不良星から優良星に格上げされる時を迎えている。私たち人類も今までの間違った物質文明の意識を捨て、新しい考え方（優良星人の意識）に心を切り替えねば、新しく生まれ変わる地球に生存できない時が近づいている。宇宙の法則に偶然はなく、必然としてすべてがなされる。人間の想像を絶する宇宙の秩序が守られるのである。天位転換のための天変地変から逃《のが》れることはできない。
私たち地球に住んでいる人間が何も知らないうちに、私たちの住む地球は太陽系の親星である太陽をはじめ、子星である地球も宇宙に存在する進化の法則により一大変化のまっただ中にある。その変化とは、簡単にいうと、今までの地球は第三レベル（物質万能の世界）から第四レベル（精神世界）に昇格するため、地球もそこに住む人間も禊《みそ》ぎをして清めねばならない時なのである。

地球上各地に地震、火山の噴火、大雨による大洪水、大干魃、突風、台風、竜巻等々、また、民族紛争、政治や経済の崩壊、そのために各国内の貧困、それを隠蔽《いんぺい》するための国連策略、人類が長年にわたり自己本位の欲望のために築いてきた社会（資本主義・近代工業化社会等）の誤った学問と文明・文化のすべてが滅び消滅した後に、新しい精神世界の優良星に生まれ変わる時が来るのだ。この時に当たり、私ども人間が新しい地球に優良星人として生きていくための条件は、現に肉体を持って生存している者も、死んで霊界にいる者も、皆ともに、過去から伝えられてきた常識や概念を捨て、宇宙の法則に従った生き方のできる人間にならねばならない。特に名誉・地位のある方々は厳しい償いの掟を知らねばならない。これが宇宙間の適者の理である。

このようなことを言っても多くの方々は信じないだろうし、また、信じようともしないだろう。地位・名誉のある方の言うことなら信じる人が多い。しかしよく考えてみると、大不況・大失業時代をつくったのは残念ながら地位・名誉の方々の言うことを信じた結果である。結果には必ず原因がある。原因結果の法則は必然的に現象化する。それは誤った資本主義・近代工業化・エゴ社会の崩壊であって、いずれ地上はきれいに清掃され浄化される。信じようが信じまいが、地球の天位転換は確実に運行される。天上の神々は地球人に対し、心を正せよ、心を悔い改めよ、心を洗え、神の言葉（御教え）を聞け、と仰《おお》せられて、いろいろな形でお示しくださっておられるのである。医学でも救われず、宗教でも救われず、超能力者、霊能力者といえども、人間が人間を救うことはできない。物質である肉体は救えても、必ず崩壊、つまり死ぬのである。主体である魂を救えるのは神のみ。魂は永遠に神に生かされ、進化する。進化した者のみが優良星界人の資格が与えられ、新しい地球に生存を許されるのである。神は一人一人の心の内を見給い、一人一人の毎日の暮らし方を見給い、一人一人が神の教えの心洗いを実践しているかを見給いて、救いの愛の手が差し延べられる。神の言葉（教え）を信じる者を、神は決して見捨てることはない。信じていただきたい。

大変長文となったが、終わりに臨んで、一人でも多くの皆様方にお願いしたいことは、宇宙学を学んでいただきたいということ。宇宙学を学ばれて、心洗いを日夜努力なされて、優良星に変わりつつある地球に住むことを許される資格者になっていただきたい。

私どもも、ただただ洗心、心を洗う努力を惜しまず、神の申される「苦しい時こそ感謝せよ」とのお言葉を心に刻み、いかなる事態にも「ありがとうございます。私が悪うございました。お許しください」と、生かしてくださっている宇宙創造主・万物万象に対して身を低く持し、意識は高き神を思いて感謝の気持ちになるよう心がけている。

私どもはまだまだ心洗いの修行中の身である。皆様方には、立場を越え、職業を越え、宗派を越えて、一人一人が心の窓を開いて心を洗う友となっていただきたい、と切に願うものである。

## 宇宙創造神の教え

**◎常の心として**（神界・優良星界とつながる波動）

「強く正しく明るく、我《が》を折り、よろしからぬ欲を捨て、皆仲良く相和して、感謝の生活をなせ」

**◎御法度《ごはっと》の心として**（魔界とつながる波動・霊波）

「憎《にく》しみ、嫉《ねた》み、猜《そね》み、羨《うらや》み、呪い、怒り、不平、不満、疑い、迷い、心配ごころ、咎《とが》めの心、いらいらする心、せかせかする心を起こしてはならぬ」

この教えを守ることを「**洗心する**」と申します。

**核が地球を滅ぼし、宗教が人類を滅ぼす**

2011年 8 月15日　初版第 1 刷発行

編　者　宇宙の真理を究める会
発行者　韮澤潤一郎
発行所　株式会社たま出版
　　　　〒160-0004　東京都新宿区四谷4-28-20
　　　　☎ 03-5369-3051（代表）
　　　　FAX 03-5369-3052
　　　　http://tamabook.com
　　　　振替　00130-5-94804
組　版　一企画
印刷所　神谷印刷株式会社

ISBN978-4-8127-0326-7　C0011